农作物 病虫草害统防统治

律　涛　刘建晓　李宏霞　崔振尧　主编

中国农业科学技术出版社

图书在版编目（CIP）数据

农作物病虫草害统防统治／律涛等主编 . --北京：中国农业
科学技术出版社，2022.6（2024.12重印）

ISBN 978-7-5116-5764-0

Ⅰ.①农… Ⅱ.①律… Ⅲ.①作物–病虫害防治 Ⅳ.①S435

中国版本图书馆 CIP 数据核字（2022）第 079864 号

责任编辑	白姗姗
责任校对	李向荣
责任印制	姜义伟 王思文

出 版 者	中国农业科学技术出版社
	北京市中关村南大街 12 号 邮编：100081
电 话	（010）82106638（编辑室） （010）82109702（发行部）
	（010）82109709（读者服务部）
传 真	（010）82106638
网 址	http://www.castp.cn
经 销 者	各地新华书店
印 刷 者	北京虎彩文化传播有限公司
开 本	140 mm×203 mm 1/32
印 张	5.25
字 数	140 千字
版 次	2022 年 6 月第 1 版 2024 年 12 月第 3 次印刷
定 价	39.80 元

《农作物病虫草害统防统治》
编委会

前　言

大力推进专业化统防统治，是符合现代农业发展方向、适应病虫发生规律变化、提升植物保护工作水平的有效途径，是保障农业生产安全、农产品质量安全和农业生态安全的重要措施。

本书主要包括农作物病虫草害统防统治的概述、小麦病虫草害统防统治、玉米病虫草害统防统治、水稻病虫草害统防统治、花生病虫草害统防统治、大豆病虫草害统防统治、油菜病虫草害统防统治、谷子病虫草害统防统治、高粱病虫害统防统治、甘薯病虫草害统防统治、农作物病虫草害绿色防控技术等内容。

本书深入浅出，通俗易懂，可操作性强。可供广大基层农技人员及农民朋友参考使用。

编　者

2022 年 4 月

目　　录

第一章 农作物病虫草害统防统治的概述

农作物病虫草害专业化统防统治，是按照现代农业发展的要求，遵循"预防为主、综合防治"的植保方针，由具有一定植保专业技能和独立经营能力的防治组织，利用先进的植保机械设备和配套防治技术，通过与农业生产者签订有偿服务承包合同，开展社会化、规范化、集约化病虫草害统防统治作业的现代农业生产性技术服务。

第一节 推动专业化统防统治 促进现代化农业发展

一直以来，当农作物发生病虫草害时，农户自己购买农药，用药箱进行喷施来防治。但是随着我国新的土地政策的实施以及国家对农业重视程度的加大，加之农业人口老龄化趋势加剧，很多地方市县级逐渐开始统一为地域内主要农作物购买植保服务，对病虫草害进行全面防治，于是就形成了统防统治的概念。

一、植保无人机让统防统治更加专业

近些年，植保无人机的发展，更是推动了统防统治的落地。植保无人机进行病虫草害防治有着传统植保工具、设备无法比拟的优势。效率高、适应地形广、适应作物广、省水省药、施药过程对人体几乎无害。正是由于植保无人机的多方面优势，一些地方政府农业部门尝试向社会上具有相关资质及能力的植保组织，统一购买大规模统防统治服务。而结果也证明，植保无人机进行大规模统防统治的效率、效果是非常令社会、农民满意的。

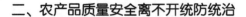

二、农产品质量安全离不开统防统治

通过实施专业化统防统治，实行农药统购、统供、统配和统施，规范田间作业行为，不仅可以有效避免人畜中毒事故发生，更为重要的是，有助于从源头控制假冒伪劣农药，杜绝禁限用高毒农药在蔬菜、水果等鲜食农产品上使用，减少农药用量，防止农药残留超标。

三、保障粮食安全离不开统防统治

从我国的国情来看，保障粮食安全和主要农产品的有效供给是一项长期而艰巨的战略任务。受异常气候、耕作制度变革等因素影响，农作物病虫草害呈多发、重发和频发态势，不仅成为制约农业丰收的重要因素，对植保工作也提出了更高的要求。与传统防治方式相比，专业化统防统治具有技术集成度较高、装备比较先进、防控效果较好、防治成本较低等优势，能有效控制病虫草害暴发成灾。各地的实践证明，专业化统防统治作业效率可提高 5 倍以上，每亩（1 亩 ≈667 米^2）水稻可增产 50~100 千克，小麦可增产 30 千克以上。

第二节　提高统防统治主要对策

一、强化行政推动

县（市、区）成立政府分管领导挂帅的领导小组。市委市政府每年都将植保服务纳入农业、农村工作的专项考核目标，提出具体考核指标，加大考核力度。同时，多次召开现场示范会、项目推进会，强势推进专业化统防统治工作的进程。充分利用农业农村部统防统治专项补助资金，整合各项财政资金和项目经费，重点扶持植保专业化服务发展速度快、运营质态好、群众满意度高的合作社，助推植保社会化服务工作又好又快地发展，有力地调动合作社购置高效植保机械的积极性。

二、加强制度建设

在发展植保社会化服务实践中，要十分重视制度建设，做到有法可依、依法依规、用制度管事管人。专业化防治组织要有合作社章程，实行理事长负责制、防治专业队长负责制，并订立财务管理、绩效考核和防效验收制度。逐层直至与服务农户签订植保服务协议，定服务对象、定面积、定机手、包质量、定防治收费标准。合作社还应建立田间防治档案，公开防效评定标准。通过订立各项制度，制定服务规范和技术操作规程，加强考核，规范运作，提高农民对专业化统防统治的满意度。专业合作社，防治开始前，要做到有病虫测报队负责病虫情的测报与防治策略的制定；防治过程中，有群众代表监督，并建立防治档案；防治结束后，由农技员、村组干部和农民代表组成验收小组对防治质量进行检查，对防治不满意的地方进行整改。农业委员会要成立农作物生产事故鉴定委员会和专家鉴定技术小组，协助镇、村各级专业化服务组织处理防效、药害等方面的纠纷。各地还要与保险公司沟通，放宽农业保险范畴，对所有进入专业化统防统治的农田全部实施农业保险，适当减少投保金额，享受最大限度保险补贴。

三、坚持典型引路

防病治虫从千家万户打药到统防统治，是农业生产方式的重大进步，其中涉及农民认可、组织严密、机械投入、技术支撑等诸多方面，不可能一开始就一呼百应、一蹴而就，必然要经过由点到面、由初始到逐步完善的过程。针对统防统治中农民存在的疑虑和需要解决的难题，在实践中寻求解决办法，并加以总结提高，在国家和省市层面上树立先进典型，使其经验逐步推广。

第二章　小麦病虫草害统防统治

第一节　病　害

一、小麦纹枯病

小麦纹枯病在我国冬麦区普遍发生，小麦纹枯病又称立枯病、尖眼斑病。小麦受纹枯病菌侵染后，严重受害的病株在小麦抽穗前部分茎蘖死亡，未及死亡的植株则生长发育受阻，导致减产。主要引起穗粒数减少、千粒重降低、倒伏或形成白穗等。一般减产10%左右，高的达30%~40%。

（一）发病症状

小麦主要受害部位为植株茎部的叶鞘和茎秆。幼苗受害多在三四片叶时表现症状。叶鞘上病斑为中间灰白色、边缘浅褐色的云纹状，病斑扩大连片，形成花秆。茎秆上病斑梭形，纵裂，可扩大连片形成烂茎。由于花秆烂茎抽不出穗而形成枯孕，或抽穗后形成白穗，结实少，籽粒秕瘦。

（二）防治方法

该病属于土传性病害，在防治策略上应采取"健身控病为基础，药剂处理种子早预防，早春及拔节期药剂防治为重点"的综合防治策略。

重病区应尽可能选用抗病和耐病品种；适期播种，合理密植；增施有机肥，不偏施、过施氮肥，氮、磷、钾肥配合施用；及时中耕除草；合理排灌，保持田间低湿。

宜采用药剂拌种与春季喷药防治相结合的防治策略，才能取得较好的防治效果。

（1）药剂拌种及种子包衣。药剂拌种可降低该病的冬前发病基数，推迟其春季发生期，减轻其为害，同时还可以防治黑粉病和苗期白粉病、锈病，并增加分蘖。36%粉霉灵（多菌灵＋三唑酮）按种子重量的 0.2%，或三唑类药剂如 20%三唑酮按种子重量的 0.15%，加入种子重量 5%的水中配成药液进行喷雾拌种，边喷边拌，拌后稍加晾干即可播种。以三唑酮等三唑类药剂拌种时，天旱时可能会影响出苗，故播后应注意保墒。

另外，以上述杀菌剂加上杀虫剂辛硫磷（50 千克麦种 100 毫升）进行拌种，除防治上述病害外，还可以防治苗期麦红蜘蛛、蚜虫及蛴螬、蝼蛄、金针虫等地下害虫，大大降低地下害虫的越冬基数，从而有效降低对后茬作物如花生的为害。由于拌种免除了地下害虫的为害，还可以节约种子用量。仅节约种子的费用，就足够拌种的成本，所以药剂拌种是最为经济、有效的防治方法，值得大力推广。

用杀菌剂加杀虫剂进行种子包衣，只要药量相同，也可以达到上述效果。但是，种子包衣是工厂化操作，到播种还要贮存一段时间。如果药量较大，将会对种子发芽有影响，所以一般包衣中药量不是很充足。因此在购买包衣种子时，要搞清其中药量是否满足要求。

（2）大田喷药防治。一般年份可在 3 月下旬至 4 月上旬施药 1 次，病害大发生年份用药适期相应提前，并施药两次，中间间隔 10 天。当平均病株率达 10%～15%时开始防治，每亩用下述任一药剂：20%井冈霉素可湿性粉剂 50 克、40%多菌灵胶悬剂 100～150 克、36%粉霉灵 100～200 克、12.5%烯唑醇可湿性粉剂 35～70 克、20%三唑酮 60～80 毫升兑水 50～75 千克田间喷雾。喷雾时要注意使植株中下部充分着药，以确保防治效果。当病害较重时可以用

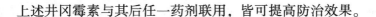

上述井冈霉素与其后任一药剂联用，皆可提高防治效果。

二、小麦白粉病

麦类白粉病在全国各麦区均有分布，是目前小麦上的主要病害。小麦发病后，光合作用受到影响，从而导致成穗数、穗粒数减少，千粒重降低。一般可减产 5%～10%，重病田减产达 20% 以上，特别严重时甚至造成小麦绝收。

（一）发病症状

小麦白粉病在小麦各生育期均可发生，典型症状为病部表面覆有一层白色粉状霉层，为病菌的菌丝体和分生孢子。小麦受侵染后，叶片症状最为显著。严重时也为害叶鞘、茎和穗部。叶片上起初产生黄色小点，后扩大成圆形或长圆形病斑，上有灰白色粉状霉层，可散生黑褐色小点（闭囊壳），病斑可连片，导致叶片变黄或枯死。

（二）防治方法

1. 农业防治

选用抗病品种；合理密植，提倡精量播种，防止群体过密；增施磷、钾肥，防止氮肥过量；合理排灌，及时中耕除草等。这些措施都有利于使植株健壮生长，增加抗病性，减轻为害。

2. 药剂防治

（1）药剂拌种。参见小麦纹枯病。

（2）大田用药。小麦白粉病常年防治适期为 4 月下旬至 5 月上旬，重发年份应提前至 4 月中旬开始防治。当田间白粉病发病率达到 10% 时，即应进行药剂防治。防治该病以三唑类药剂如丙环唑、烯唑醇、戊唑醇效果最好。每亩用 15% 三唑酮可湿性粉剂 75克或 36% 粉霉灵悬浮剂 100 克或 33% 纹霉净可湿性粉剂 50 克兑水50 千克田间喷雾，后两者可兼治赤霉病、叶枯病等。

三、小麦赤霉病

小麦赤霉病在全国各麦区都有发生，是长江中下游冬麦区一种流行性病害，为害损失严重。发病重的地方减产达 40%～50%。一般流行年份可减产 10%～20%，严重者达 80% 以上。而且病麦中还产生对人畜有毒的物质，严重影响小麦品质和利用价值。

（一）发病症状

主要发生在穗期，形成穗腐。小麦在抽穗扬花期受病菌侵染，先在个别小穗上发病，然后沿主穗轴上下扩展至整个麦穗，病部褐色或枯黄色，潮湿时可产生粉红色霉层（分生孢子），空气干燥时病部和病部以上枯死，形成白穗，不产生霉层。后期病部可产生黑色颗粒。

（二）防治方法

1. 农业防治

①选用抗（耐）病品种。目前虽未找到免疫品种，但有一些农艺性状良好的耐病品种，如皖麦 27、扬麦 158 等。②增施磷、钾肥，防止氮肥过量，增强植株抗病性。③搞好田间排水，降低田间湿度，从而降低子囊壳的发生量，减少侵染。④麦田在播种前进行深耕灭茬、清洁田园可减少菌源。这些措施都可减轻病害发生。

2. 药剂防治

小麦赤霉病防治的关键是抓好抽穗扬花期的喷药预防。一是要掌握好防治适期，于小麦抽穗初期喷第一次药，感病品种或适宜发病年份于扬花末期补喷 1 次。二是要选用优质防治药剂，每亩用 80% 多菌灵超微粉 50～70 克，或 80% 多菌灵超微粉 50 克加 15% 三唑酮 30 克，或 36% 粉霉灵悬浮剂 100 克兑水 50 千克喷雾，后两者可兼治白粉病和锈病。如在上述药剂中加入杀虫剂就可以做到

"一喷三防"（防病、防虫、防早衰），省工省时。三是掌握好用药方法，喷药时要重点对准小麦穗部均匀喷雾。使用手动喷雾器每亩兑水 50 千克，使用机动喷雾器每亩兑水 15 千克喷雾，如遇喷药后下雨，则需雨后补喷。如果使用含三唑类药剂防治则不能在小麦盛花期喷药，以免影响结实。

四、小麦锈病

小麦锈病俗称黄疸病，属真菌病害，包括条锈病、叶锈病和秆锈病 3 种。锈病广泛分布于全国各小麦产区，往往交叉发生，其中以条锈病为害最大。由于条锈病菌生理小种组成的变化引起品种抗性丧失等原因，在适于发病年份，仍有一定程度为害。

（一）发病症状

3 种锈病症状的共同特点是在侵染部位叶片或茎秆上出现鲜黄色、红褐色或深褐色的夏孢子堆，表皮破裂，孢子飞散，呈铁锈状。后期病部还生成黑色的冬孢子堆。3 种锈病可形象地称为"条锈成行叶锈乱，秆锈是个大红斑"。条锈病主要为害小麦叶片，也可为害叶鞘、茎秆、穗部。叶锈病主要为害叶片，叶鞘和茎秆上少见。秆锈病主要为害茎秆和叶鞘，也可为害穗部。

（二）防治方法

该病是气传病害，必须采取以种植抗病品种为主、药剂防治和栽培措施为辅的综合防治策略，才能有效地控制其为害。

（1）选用抗病品种。种植抗病品种是防治小麦锈病经济有效的措施。在应用抗病品种时，注意抗锈品种的合理布局及品种定期轮换，防止抗性丧失。

（2）药剂防治。在秋苗常发地区用三唑类药剂拌种，可有效控制苗期条锈病，推迟成株期病害暴发期，方法见小麦纹枯病。在春季小麦拔节孕穗期发病用三唑类药剂喷雾，方法见白粉病。一般喷雾 1 次即可控制整个成株期流行为害，但病害流行早、速度快、品种易感病的则需喷药 2~3 次。

（3）栽培措施。增施磷、钾肥，防止氮肥过量，增强植株抗病性。搞好田间排水，降低田间湿度，从而降低子囊壳的发生量，减少侵染。

五、小麦黑穗病

小麦黑穗病包括腥黑穗病、散黑穗病和秆黑粉病 3 种。

小麦腥黑穗病又分为光腥黑穗病、网腥黑穗病、矮腥黑穗病和印度腥黑穗病。中国麦田感染的主要是光腥黑穗病和网腥黑穗病。其中光腥黑穗病主要分布在华北和西北各省份，网腥黑穗病主要分布在东北、华中和西南各省份，矮腥黑穗病和印度腥黑穗病在中国尚未发生，是重要的进境植物检疫对象。中华人民共和国成立前和中华人民共和国成立初期，腥黑穗病是全国各产麦区的主要病害，一般减产达 10%~20%；中华人民共和国成立后，大力开展防治工作。此病不仅使小麦减产，而且还降低面粉品质。病菌孢子因含有毒物质三甲胺，使面粉不能食用。如将混有大量菌瘿和孢子的麦粒作饲料，会引起家禽和牲畜中毒。

小麦散黑穗病俗称黑疸、灰包、火烟包、乌麦等，普遍发生于各国产麦区。一般发病比较轻，在 1%~5%。

小麦秆黑粉病是小麦生产上毁灭性病害之一，发病轻者 10%~20%，重者 80%~90%，甚至绝收。

（一）发病症状

（1）腥黑穗病。主要在穗部表现症状。病株一般较健株稍矮，分蘖增多，矮化程度及分蘖情况依品种而异。病穗短直，颜色较健穗深，初为灰绿色，后变灰黄色，病粒较健粒短而胖，因而颖片略开裂，露出部分的病粒（即菌瘿），初为暗绿色，后变灰黑色，如用手指微压，则易破裂，内有黑色粉末（即病菌的冬孢子）。菌瘿因含有挥发性三甲胺，有鱼腥气味，所以称"腥黑穗病"。

（2）散黑穗病。系统性侵染病害，病株在抽穗前症状不明显，一般病株较矮而直立，抽穗早。起初，穗外面包一层灰色薄膜，里面充满黑粉。抽穗后不久，薄膜破裂，黑粉飞散，剩下穗轴。一般病株比健株提早几天抽穗。

（3）秆黑粉病。主要为害麦秆、叶和叶鞘，拔节期以后症状最明显。主要症状为：病斑初见淡灰色条纹，逐渐隆起，转深灰色，最后寄主表皮破裂，露出黑粉（冬孢子）。病株显著矮小，分蘖增多，病叶卷曲，病穗很难抽出，多不结实，甚至全株枯死。

（二）防治方法

3种黑穗病都是以种子或土壤带菌传播为主的病害，因此，选用无病种子或进行种子消毒，基本上可以达到预防的目的。

（1）选用抗病品种，建立无病留种田。繁育和使用无病种子是消灭小麦黑穗（粉）病的有效方法。留种田要与生产田隔离200米以上，播种的种子要在精选后严格进行消毒，田间管理时应注意施用无病肥，及时拔除病株等。

（2）种子消毒。具体方法参见小麦纹枯病。

（3）化学防治。选用20%三唑酮或50%多菌灵、20%甲基硫菌灵等药剂，在发病初期进行喷雾防治。

第二节 虫 害

一、麦蚜

麦蚜，又名腻虫，为害小麦的主要有麦长管蚜、麦二叉蚜、禾溢管蚜、麦无网蚜。

（一）形态特征

麦长管蚜：显著特征为腹管长筒形，全部黑褐色，长为体长的1/4，在端部有网纹十几行。

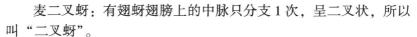

麦二叉蚜：有翅蚜翅膀上的中脉只分支1次，呈二叉状，所以叫"二叉蚜"。

禾缢管蚜：腹管短筒形，长度只有长管蚜的一半，中部稍粗，近端部呈瓶口状缢缩，故名"缢管蚜"。

麦无网蚜：腹管长圆筒形，绿色，长为体长的1/4。

麦蚜都只有卵、若虫和成虫3个虫态，但成虫又分有翅型和无翅型两种。在适宜的环境条件下，麦蚜都以无翅型孤雌胎生若蚜生活。在营养不足、环境恶化或虫群密度大时，则产生有翅型迁飞扩散，但仍行孤雌胎生，只是在寒冷地区秋季才产生有性雌雄蚜交尾产卵。卵翌年春天孵化为干母，继续产生无翅型或有翅型蚜虫。

（二）为害症状

麦蚜在小麦苗期，多集中在麦叶背面、叶鞘及心叶处；小麦拔节、抽穗后，多集中在茎、叶和穗部刺吸为害，并排泄蜜露，影响植株的呼吸和光合作用。被为害处呈浅黄色斑点，严重时叶片发黄，甚至整株枯死。穗期为害，造成小麦灌浆不足，籽粒干瘪，千粒重下降，引起严重减产。另外，麦蚜还传播麦类病毒病，以传播小麦黄矮病为害最大。

（三）防治方法

（1）苗蚜防治。进行药剂拌种是防治苗期蚜虫的经济有效方法，具体方法见小麦纹枯病。

（2）穗蚜防治。在小麦穗部蚜虫数量达到百株500头以上时，每亩用50%抗蚜威乳油10克或24%添丰可湿粉20克或10%吡虫啉可湿粉10~20克兑水50千克，穗部均匀喷雾。一般喷药1周后检查效果，若发现还有较多蚜虫时，需再喷药1次。

二、麦红蜘蛛

麦红蜘蛛俗称火龙、麦虱子、火蜘蛛。主要有麦圆蜘蛛和麦长腿蜘蛛两种。

（一）形态特征

麦圆蜘蛛卵圆形，体长 0.65～0.98 毫米，背面有红斑点，有横刻纹 8 条。足 4 对，第 1 对足最长，第 4 对次之，第 2、3 对相等。麦长腿蜘蛛纺锤形，体长 0.5 毫米，背中央红色，两侧黑褐色，背刚毛短，共 13 对。足 4 对，第 1 对足超过第 2、第 3 对两倍长。

（二）为害症状

麦蜘蛛吸食小麦汁液，被害叶片初见苍白失绿，继而枯黄，为害严重时不能抽穗，甚至枯死。

（三）防治办法

（1）农业防治。在麦收后浅耕灭茬，及早深耕消灭越夏卵。

（2）药剂防治。药剂拌种法可参见小麦纹枯病。

三、小麦吸浆虫

小麦吸浆虫土名小红虫、麦蛆。我国发生的有麦红吸浆虫和麦黄吸浆虫两种。

（一）形态特征

麦红吸浆虫橘红色，雌虫产卵管短，伸出时约为腹长的 1/2，卵长卵形，末端无附着物，幼虫橘黄色，体表有鳞片状突起，蛹橙红色。麦黄吸浆虫成虫姜黄色，雌虫产卵管长，伸出时与腹部等长，卵呈香蕉形，前端略弯，末端有细长卵柄附着物，幼虫姜黄色，体光滑，蛹呈淡黄色。

（二）为害症状

其幼虫在小麦穗期侵入麦壳，吸食正在灌浆的麦粒浆液，使麦粒不饱满，甚至空秕，严重时造成绝收，是毁灭性害虫。

（三）防治方法

1. 选用抗虫品种

选用抗虫品种是防治该虫最有效的方法，曾经是我国使用抗虫品种最成功的范例。

2. 化学防治

（1）防治指标。

①淘土调查幼虫密度。选取有代表性的田块，在化蛹期随机挖取 10 厘米×10 厘米×20 厘米的小土方 7~10 个，混拌均匀后取其中 1/10~1/7 土样倒入桶中加水搅拌，沉淀后，将泥浆倒入铜纱筛中滤去泥水，再将筛上杂物捞去，检查筛上留下的虫体。要反复几次淘洗，将虫查净。当每小土方有虫 5 头以上时即需防治。②在小麦抽穗初期进行网捕成虫调查（捕虫网口径 30 厘米）。在麦田慢步前进，往返扫网 10 次，记载虫数。当平均每 10 次有成虫 10~25 头时需立即防治。

（2）防治药剂与方法。一是在小麦孕穗期撒毒土防治幼虫和蛹，是防治该虫关键时期。当土温 15℃时，小麦正处在孕穗阶段，这时吸浆虫移至土壤表层开始化蛹、羽化，这时是抵抗力弱的时期。于 3 月下旬至 4 月上旬冬小麦拔节期，每亩用 50% 辛硫磷乳油 150 毫升，兑水 2 千克配成母液，均匀拌细土（细沙土、细炉灰渣均可）25~30 千克，均匀撒在地表。撒在麦叶上的毒土要及时用树枝、扫帚等扫落到地表。要保持良好的土壤墒情，土壤干燥往往防治效果不佳。撒毒土后浇水效果更好。二是小麦抽穗开花期防治成虫。小麦抽穗时土温 20℃，成虫羽化出土或飞到穗上产卵，这时结合防治麦蚜，喷洒 80% 敌敌畏乳油或 50% 辛硫磷乳油 2 000 倍液，2.5% 溴氰菊酯乳油或 20% 氰戊菊酯乳油 4 000 倍液。该虫卵期较长，发生重的应连续防治两次。

四、地下害虫

地下害虫有蝼蛄、蛴螬、金针虫等。

（一）形态特征

1. 蝼蛄

（1）东方蝼蛄。成虫体长 30~35 毫米，灰褐色，前胸背板卵圆形，中间具 1 块明显的暗红色长心脏形凹陷斑。前足为开掘足，后足胫节背面内侧有 4 个距，区别于华北蝼蛄。若虫共 8~9 龄，末龄若虫体长 25 毫米，体形与成虫相近。

（2）华北蝼蛄。雌成虫体长 45~66 毫米，雄虫 39~45 毫米，体黄褐色，前胸背板盾形，其前缘内弯，背中间具 1 块心形暗红色斑。前足为开掘足，发达，中、后足小，后足胫节背侧内缘具距 1~2 个或无，区别于东方蝼蛄。若虫共 12 龄，5 龄时体色、体形与成虫相似。

2. 蛴螬

（1）黯黑鳃金龟。成虫体长 17~22 毫米，长卵形，无光泽，披黑褐色绒毛，腹部腹板青蓝色丝绒状。高龄幼虫体长 35~45 毫米，胸腹部乳白色，臀节腹面有钩状刚毛，呈三角形分布。

（2）铜绿丽金龟。成虫体长 19~21 毫米，有铜绿色光泽，前胸背板深红色，臀板三角形，上有 1 块三角形黑斑。幼虫体长 30~33 毫米，腹面有刺毛 2 列，每列 13~14 根。

（3）华北大黑鳃金龟。成虫体长 16~22 毫米，黑褐色至黑色，有光泽，两翅合缝处呈纵隆起线，两翅各有纵线 3 条。幼虫乳白色，臀部腹面无刺毛列，只有呈三角形分布的钩状毛。

3. 金针虫

（1）细胸金针虫。末龄幼虫体长约 32 毫米，宽约 1.5 毫米，细长圆筒形，淡黄色，光亮。第 1 胸节较第 2、3 节稍短。1~8 腹节略等长，各体节长大于宽。

（2）沟金针虫。老熟幼虫体长 20~30 毫米，细长筒形略扁，体黄色坚硬而光滑，具黄色细毛，尤以两侧较密。胸、腹部背面中央呈 1 条细纵沟。各体节宽大于长，从头部至第 9 腹节渐宽。

（二）防治方法

（1）农业防治。有条件的地方可以实行小麦—水稻轮作，可控制或消灭地下害虫为害；深耕细耙，随犁拾虫，压低虫口密度，可减轻为害；适当晚播也能减轻为害。

（2）药剂拌种。参见小麦纹枯病。

（3）土壤处理。在播种前，每亩用 50% 辛硫磷乳油 250~300 毫升兑水 30~40 千克，将药剂均匀喷洒在地面，然后耕翻或用圆盘耙混匀药剂。在小麦返青期每亩用 50% 辛硫磷乳油 250~300 毫升，结合灌水施入土中防治；或每亩用 50% 辛硫磷乳油 200~250 毫升，加细土 25~30 千克，将药液加水稀释 10 倍喷洒在细土上并拌匀，顺垄条施，随即浅锄，防治蛴螬。

（4）毒饵、毒谷诱杀。为害严重的地块，最好在秋播以前用毒饵进行 1 次防治。毒谷在播种时撒在播种沟里，或与种子混播。

第三节 草 害

杂草是庄稼的"大敌"，麦田杂草与小麦争水、争肥、争光、争空间，并传播病虫害。草害引起减产平均达一至二成，为害严重的田块常减产三至五成。麦田恶性杂草有 10 多种，其中以野燕麦、猪殃殃发生为害面积最大、最重，以播娘蒿发生最普遍，其次是宝盖草、麦家公、婆婆纳、大巢菜、猫儿眼、小蓟等。牛繁缕、看麦娘、硬草、棒头草、碱茅等主要发生在稻茬田。

防除麦田杂草的根本途径在于耕作防除。主要措施有：第一，合理轮作，淮南地区冬季小麦与绿肥、油菜、蚕豆等轮换种植。第二，精细耕种，促进小麦全苗早发，抑制杂草生长。第三，中耕除草，及时中耕松土，除草效果好。第四，大力推广化学除草。

一、化学除草的好处及其防治策略

（一）化学除草的好处

化学除草的优点很多。第一，除草效果好。只要掌握除草技术，一般除草效果可达 70%~90%，增产显著，草害严重的田块可增产两成以上。第二，省肥。能较好地解决麦、草争肥、争光的矛盾，提高肥料的利用率。第三，省工。每亩比人工除草节省 4~5 个工日，比撒播田进行人工除草节省 10 个工日以上。第四，有利于机械化收割，提高收割效率，减少损失。

（二）麦田化学除草的策略

为了经济、安全、有效地防除麦田杂草，在使用药剂的策略上，应掌握以下几点。

第一，确定重点防除对象。化学除草应着眼于杂草为害严重的田块，不应强求每块麦田都用药。

第二，在杂草发生高峰前用药。杂草在萌发时对除草剂最为敏感，这时防除效果最好。麦田杂草高峰有冬前和冬后两个时期，用药时期也应有冬用与春用之分。早茬麦，播种早，冬前出草达到高峰，宜在冬前用药；晚茬麦，冬后出草达到高峰，既有春草又有冬草，应在春季用药，达到同时兼除冬草和春草的目的。

第三，应着重考虑麦苗的安全施用期。在正常用量下，除草剂对麦苗生长并无影响，但小麦的不同生育期对除草剂的抗药性是有差别的。立针期抗药性较差，用药后对生长、分蘖均有抑制作用，甚至还会出现少量死苗，故不宜用药。如用药太迟，气温已很低，用药后往往不能发挥预期的作用。因此，权衡利弊得失，从既不影响正常生长、又能有效防除杂草两方面考虑，冬前用药宜早不宜迟。相反，春季用药不宜过早，过早用药气温冷暖反常，如遇寒潮，容易死苗。但也不宜太晚，因为气温升高，雨水又多，麦苗与杂草都处在旺盛生长阶段，杂草发生分枝（蘖）后，抗药性增强，不易杀死。最好掌握在小麦起身时期的冷尾暖头用药效果最好。

第四，剂量准确，喷洒均匀。无论是土壤封闭或茎叶处理都要做到剂量准确，喷洒均匀，不重喷，不漏喷，才能达到理想的除草效果。

二、麦田化学除草技术

每种除草剂都有一定的杀草谱，目前还没有一种能将各种杂草除尽而对作物完全无害的除草剂，因此，必须根据为害小麦的杂草种类选择适宜的除草剂，掌握最佳喷洒时期，巧妙用药。麦田杂草主要分为阔叶杂草和禾本科杂草两大类。

（一）阔叶杂草的防除

常见的麦田阔叶杂草有猪殃殃、婆婆纳、小蓟、荠菜、米瓦罐、苍耳、播娘蒿、田旋花、反枝苋、大巢菜、麦家公、宝盖草、猫儿眼、苦苣菜等。用于麦田防除阔叶杂草的除草剂有 2 甲 4 氯、苯达松、苯磺隆（巨星）、百草敌、使它隆等。巨星在小麦 2 叶期至拔节期均可施药，以杂草生长旺盛期（3~4 叶期）施药防效最好。每亩用 75% 巨星干悬剂 0.9~4 克，兑水 30~50 千克均匀喷雾，施药后 10~30 天能见到对杂草的抑制作用。2 甲 4 氯一般分蘖末期以前喷药为适期，每亩用 70% 2 甲 4 氯钠盐 55~85 克，或用 20% 2 甲 4 氯水剂 200~300 毫升，兑水 30~50 千克均匀喷雾，在无风晴天喷药效果好。百草敌在小麦拔节前喷药，每亩用 48% 百草敌水剂 20~30 毫升，兑水 40 千克均匀喷雾，晴天气温高时喷药，药效快，防效高。拔节后禁止使用百草敌和 2 甲 4 氯，以防产生药害。使它隆于小麦 3 叶期至拔节期用药，用量为 20% 使它隆乳油 50~65 毫升/亩。

（二）禾本科杂草的防除

常见的麦田禾本科杂草有野燕麦、看麦娘、日本看麦娘、茵草、狗尾草、硬草、马唐、牛筋草等。常用麦田防除禾本科杂草的除草剂有骠马、异丙隆、燕麦畏、杀草丹、燕麦敌等。骠马是一种除草活性很高的选择性内吸型茎叶处理剂,对小麦使用安全。在小麦生长期间喷药防治禾本科杂草,每亩用 6.9% 骠马乳剂 40~60 毫升或 10% 骠马乳油 30~40 毫升,兑水 50 千克均匀喷雾,可有效控制禾本科杂草为害。杀草丹可在小麦播种后出苗前,每亩用 50% 杀草丹乳油 100~150 毫升,加 25% 绿麦隆 120~200 克,或用 50% 杀草丹乳油和拉索乳油各 100 毫升,混合后兑水 30 千克,均匀喷洒地面。

(三) 阔叶杂草和禾本科杂草混生的防除

绿麦隆、扑草净和禾田净等对多数阔叶杂草和部分禾本科杂草有较好的防除效果,麦田中两类杂草混生时可用这些除草剂。绿麦隆在小麦播后苗前使用,每亩用 25% 绿麦隆 200~300 克,兑水 50 千克地表喷雾或拌土撒施。扑草净在小麦播后苗前使用,每亩用 50% 扑草净 75~100 克,兑水 50 千克地表喷雾。

三、麦田化学除草应注意的问题

(一) 准确选择药剂

首先要根据当地主要杂草种类选择相应有效的除草剂,其次是根据当地的耕作制度选择除草剂。另外,还要不定期地交替轮换使用杀草机理和杀草谱不同的除草剂品种,以避免长期单一使用除草剂,致使杂草产生耐药性或优势杂草被控制,耐药性杂草逐年增多,由次要杂草上升为主要杂草而造成损失。

(二) 严格掌握用药量和用药时期

一般除草剂都有经过试验后提出的适宜用量和时期,应严格掌握,切不可随意加大药量和错过有效安全施药期。

(三) 注意施药时的气温

所有除草剂都是气温较高时施药,才有利于药效的充分发挥。

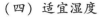

（四）适宜湿度

土壤湿度是影响药效高低的重要因素，土壤墒情好，杂草生长旺盛，有利于杂草对除草剂的吸收和在体内运转而杀死杂草，药效快，防效好。因此，应注意在土壤墒情好时应用化学除草剂。

第三章　玉米病虫草害统防统治

第一节　病　害

一、大斑病

（一）发病症状

初侵染斑为水渍状斑点，成熟病斑长梭形，一般长度在50毫米以上。病斑主要有3种类型：①黄褐色，中央灰褐色，病斑较大，出现在感病品种上。气候潮湿时，病斑上可产生大量灰黑色霉层。②灰绿色，外围有明显的黄色褪绿圈，病斑较小。③紫红色，周围有黄色或淡褐色褪绿圈。

病原菌在病残体上越冬，翌年随气流、雨水传播到玉米上引起发病，条件适宜时，病斑很快又产生分生孢子，引起再侵染。气温18~27℃、湿度90%以上时易暴发流行。

（二）防治方法

①选择抗病品种。②重病田避免秸秆还田，宜与其他作物轮作。③发病初期，用10%苯醚甲环唑、50%扑海因或70%代森锰锌等杀菌剂兑水喷雾，每7~10天喷1次，连续施药2~3次。

二、小斑病

（一）发病症状

初侵染斑为水渍状半透明的小斑点，成熟病斑常见有3种类型：①病斑受叶脉限制，两端呈弧形或近长方形，病斑上有时出现轮纹，黄褐色或灰褐色，边缘深褐色，大小为（2~6）毫米×（3~22）毫米。②病斑较小，梭形或椭圆形，黄褐色或褐色，大小为（0.6~1.2）毫米×（0.6~1.7）毫米。③病斑为点状，黄褐色，边缘紫褐色或深褐色，周围有褪绿晕圈，此类型产生在抗性品种上。

病原菌在病残体上越冬，翌年随气流、雨水传播，条件适宜时，在60~72小时内可完成一个侵染循环，一个生长季节可多次再侵染。气温在26~32℃、田间湿度较高时，易造成病害流行。

（二）防治方法

①选择抗病品种。②重病田避免秸秆还田，宜与其他作物轮作。③发病初期，用10%苯醚甲环唑、50%扑海因或70%代森锰锌等杀菌剂喷雾，每7~10天喷1次，连续施药2~3次。

三、弯孢菌叶斑病

（一）发病症状

初侵染病斑为褪绿小点，成熟病斑为圆形或椭圆形，中央有一黄白色或白色坏死区，边缘褐色，外围有褪绿晕圈，似"眼"状。有两种病斑类型：抗病斑多为褪绿点状斑，无中心坏死区，病斑不枯死，病斑较小；感病品种病斑较大，数个病斑相连，呈片状坏死，严重时整个叶片枯死。

病原菌在病残体上越冬，翌年随气流、风雨传播到玉米上，遇合适条件萌发侵入。病原菌可在3~4天内完成一个侵染循环，一个生长季节可多次再侵染。在高温高湿条件下可在短时期内造成病害大面积流行。

（二）防治方法

①选用抗病品种。②健康栽培提高植株抗病能力。③发病初期，用10%苯醚甲环唑、50%扑海因或70%代森锰锌等杀菌剂喷

雾，每 7~10 天喷 1 次，连续施药 2~3 次。

四、灰斑病

（一）发病症状

初侵染病斑为水渍状斑点，逐渐平行于叶脉扩展并受到叶脉限制，成熟病斑为灰褐色或黄褐色，多呈长方形，两端较平，这点是区别于其他叶斑病的主要特征。病斑连片常导致叶片枯死，田间湿度大时在病部可见灰色霉层。抗性斑多为点状，病斑周围有褐色边缘。

病原菌在病残体上越冬，翌年随风雨传播到玉米上侵入，一个生长季节可造成多次再侵染。发病的最佳温度为 25℃，最佳湿度为 100%或者有水滴存在，因此，降水量大、相对湿度高、气温较低的环境条件有利于病害的发生和流行。

（二）防治方法

①选择抗病品种。②发病初期，可用 70%甲基硫菌灵、10%苯醚甲环唑等兑水喷雾，每 7 天左右喷 1 次，连续施药 2~3 次。

五、褐斑病

（一）发病症状

初侵染病斑为水浸状褪绿小斑点，成熟病斑中间隆起，内为褐色粉末状休眠孢子堆。叶片上病斑连片并呈垂直于中脉的病斑区和健康组织相间分布的黄绿条带，这点是区别于其他叶斑病的主要特征。叶鞘、叶脉上的病斑较大，红褐色到紫色，常连片致维管束坏死，随后叶片由于养分无法传输而枯死。

病菌以孢子囊在土壤中或病株残体上越冬，翌年病菌随气流或风雨传播到玉米植株上，遇到合适条件萌发释放出大量的游动孢子，侵入玉米幼嫩组织内引起发病。温度 23~30℃、相对湿度 85%以上、降雨较多的天气条件，有利于病害流行。

（二）防治方法

①选择抗病品种。②改进秸秆还田方法，变直接还田为深翻还田或者腐熟还田。③在玉米拔节前后用 15%三唑酮可湿性粉剂1 000 倍液喷雾，也可部分降低田间发病率。

六、圆斑病

（一）发病症状

病菌主要侵染叶片和果穗，也侵染叶鞘和苞叶。有两种病斑类型：一种是叶斑初期为水渍状、浅绿色或浅黄色小斑，逐渐扩大为圆形或椭圆形，病斑中央浅褐色，边缘褐色，略具同心轮纹，大小为（3~13）毫米×（3~5）毫米；另一种是叶斑为长条状，大小为（10~30）毫米×（1~3）毫米。果穗受侵染后，籽粒和穗轴变黑凹陷、籽粒干瘪而形成穗腐。

发生规律：圆斑病以菌丝体在田间散落或在秸秆垛中的果穗、叶片、叶鞘及苞叶上越冬，成为翌年田间发病的初侵染菌源。种子内部可带菌，成为远距离传播的重要途径。越冬后的圆斑病菌，在翌年 7 月中旬以后温湿度条件适宜时，在土壤中病株残体上或秸秆垛中越冬的菌丝体开始产生分生孢子，借风雨传播，侵染叶片和果穗，引起发病。病菌生长发育最适温度为 25~30℃。每年 7—8 月高温多雨、田间湿度大时，有利于病害发生和流行，降雨少、温度低的年份发病轻。此外，圆斑病的发生轻重与栽培地势、茬口、土壤耕作状况、播期、土壤肥力、施肥时期、种类和数量等关系十分密切。地势低洼、重茬连作、施肥不足等则发病严重，适时晚播可错开高温多雨季节，则比早播发病轻。

（二）防治方法

①加强植物检疫，不从病区引种。②选择抗病品种。③在吐丝期用 50%多菌灵、70%代森锰锌或 25%三唑酮可湿性粉剂 500 ~600 倍液对果穗喷雾，连喷两次，间隔 7~10 天。

七、纹枯病

（一）发病症状

发病初期在茎基部的叶鞘上形成水浸状暗绿色病斑，逐渐扩展成不规则或云纹状病斑。在高湿环境下，形成菌丝团和菌核；严重的可以导致穗腐，造成减产甚至绝收。

纹枯病以遗留在田间的菌核越冬，成为翌年的初侵染源。在适宜的温湿度条件下，菌核萌发长出菌丝在植株叶鞘上扩展，并从叶鞘缝隙进入叶鞘内侧，侵入寄主引起发病。在温暖条件下，湿度大、连阴雨有利于病害的发生与流行。品种间对纹枯病抗性存在明显差异。

（二）防治方法

①选用抗耐病品种。②重病田严禁秸秆还田。③发病初期可在茎基喷施5%井冈霉素或40%菌核净1 000~1 500倍液，间隔7~10天1次。

八、鞘腐病

由多种病原菌单独或复合侵染引起的叶鞘腐烂病的总称。

（一）发病症状

病斑可从任一部位的叶鞘发生，因病原菌的种类不同症状表现各异。初期多为水渍状斑点，逐渐扩展为圆形、椭圆形或不规则形病斑，干腐或湿腐，几个病斑常连片成不规则状大斑，叶片逐片干枯。病斑只发生在叶鞘上，叶鞘下茎秆正常。条件适宜时病部可见白色、灰黑色、粉红色、红色、紫色霉层。

虫害引起的鞘腐，外观常呈紫色、浅紫色，叶鞘内侧可见蚜虫等小型害虫为害。

病原菌在病残体、土壤或种子中越冬，翌年随风雨、农具、种子、人畜等传播，遇合适条件侵染玉米发病。高温高湿有利于病害的流行。

（二）防治方法

发病初期在茎基喷农用链霉素等，每 7~10 天喷 1 次。

九、丝黑穗病（俗称乌米）

（一）发病症状

部分病株在苗期可表现症状，如分蘖、矮化、心叶扭曲、叶色浓绿、叶片出现黄白色纵向条纹等，大部分病株直到穗期才可见典型症状；病株果穗短粗，外观近球形，无花丝，内部充满黑粉，黑粉内有一些丝状的维管束组织，所以称此病为丝黑穗病。有的果穗小花过度生长呈肉质根状，似"刺猬头"。雄穗全部或部分小花变为黑粉包或畸形生长。

玉米丝黑穗病是以土壤传播为主、苗期侵染的病害。病菌的厚垣孢子散落在土壤中，混入粪肥里或黏附在种子表面越冬，厚垣孢子在土壤中能存活 3 年左右。土壤虽带菌，但侵染率极低，它是远距离传播的侵染源。玉米丝黑穗病发病轻重取决于品种的抗病性和土壤中菌源数量以及播种与出苗期环境因素的影响。不同的玉米品种对丝黑穗病的抗病性有明显的差异。高感品种连作时，土壤中菌量每年增长 5~10 倍。病菌侵染的最适时期是从种子萌发开始到 1 叶期。此时若遇到低温干旱，则延长了种子从萌发到出苗的时间，加大了丝黑穗病菌的侵染概率。

（二）防治方法

①选用抗耐病品种，品种间对本病的抗性有显著差异。②用含有三唑醇、腈菌唑、戊唑醇等成分的种衣剂，如 2% 立克秀等进行种子处理。③在病瘤成熟破裂前拔除病株并销毁。

十、瘤黑粉病

（一）发病症状

在玉米植株的任何地上部位都可产生形状各异、大小不一的瘤状物，主要着生在茎秆和雌穗上。典型的瘤状物组织初为绿色或白色，肉质多汁。后逐渐变灰黑色，有时带紫红色，外表的薄膜破裂后，散出大量的黑色粉末（病菌冬孢子）。

在玉米生育期的各个阶段均可直接或通过伤口侵入。病菌以冬孢子在土壤中及病残体上越冬，翌年冬孢子或冬孢子萌发后形成的担孢子和次生担孢子随风雨、昆虫、农事操作等多种途径传播到玉米上，一个生长季节可多次再侵染。温度在26～34℃、虫害严重时有利于病害流行。

（二）防治方法

①种衣剂防治效果不明显，因此，要选用抗病品种。②及时防治虫害，减少伤口。③及时消除病瘤，带出田间销毁。重病地深翻土壤或实行两年以上轮作。

十一、穗腐病

又称穗粒腐病，由多种病原菌单独或复合侵染引起的果穗或籽粒霉烂的总称。

（一）发病症状

果穗及籽粒均可受害，被害果穗顶部或中部变色，并出现粉红色、蓝绿色、黑灰色或暗褐色、黄褐色霉层，即病原菌的菌体、分生孢子梗和分生孢子。病粒无光泽，不饱满，质脆，内部空虚，常为交叉的菌丝所充塞。果穗病部苞叶常被密集的菌丝贯穿，黏结在一起贴于果穗上不易剥离。

病原菌在种子、病残体上越冬，为初侵染病源。病菌主要从伤口侵入，分生孢子借风雨传播。温度在15～28℃、相对湿度在

75%以上，有利于病菌的侵染和流行，高温多雨以及玉米虫害发生偏重的年份，穗腐和粒腐病也较重发生。温度、湿度和伤口是病害发生的主要因素，其他影响因素有果穗的直立角度，苞叶的长短、松紧程度以及穗期害虫的种类和为害程度等。

（二）防治方法

①品种间抗性差异明显，选择抗病品种是首选。②实行轮作，清除并销毁病残体。适期播种，合理密植，合理施肥，促进早熟，注意虫害防治，减少伤口侵染的机会。③玉米成熟后及时采收，充分晒干后入仓贮存。④细菌性穗腐在发病初期用农用链霉素溶液对果穗喷雾，有一定的防治效果。

十二、疯顶病

（一）发病症状

系统侵染病害，苗期病株表现心叶黄化、扭曲、畸形或有黄白色条纹、过度分蘖等，严重时枯死。抽雄后典型症状为雌雄穗畸形；雄穗全部或者部分花序发育成变态叶，簇生，使整个雄穗呈刺头状，故称疯顶病；雌穗苞叶顶端变态为小叶并增生，雌穗分化为多个小穗，呈丛生状，小穗内部全部为苞叶，无花丝，无籽粒。病株矮化（上部叶片簇生状）或徒长（超正常高度的1/3），一般无穗。

以卵孢子或菌丝体在种子、土壤、病残体上越冬。翌年侵入玉米，引起发病。土壤湿度饱和24～48小时就可完成侵染，带病种子是远距离传播的主要载体。

（二）防治方法

①选择抗病品种。②加强检疫，不从疫区调种。③及时清除病株，带出田间集中销毁。④重病田轮作倒茬。⑤用35%瑞毒霉按种子量的0.3%或25%甲霜灵可湿性粉剂按种子重量的0.4%拌种。

十三、烂籽病

又称种子腐烂病，是由多种病原菌单独或复合侵染引起的一类病害的总称。

（一）发病症状

种子在低于最适温度时萌发易受病菌侵染，导致种子腐烂和幼苗猝倒。主要表现为种子霉变不发芽，或种子发芽后腐烂不出苗，或根芽病变导致幼苗顶端扭曲叶片伸展不开。湿度大时，在病部可见各色霉层。

种子或土壤带菌是发病的主要原因。种子在收获前有穗粒腐病，或贮藏时有霉变，是种子带菌的主要原因。另外，种子成熟度差，发芽率低，种子遭虫蛀、机械操作或遗传性爆裂、丝裂病等都会加重该病的发生。土壤中存在致病菌是发病的另一主要诱因，主要致病菌的种类受气候、环境、土壤类型、土壤的温湿度、通气情况、种植模式、耕作方式等诸多因素的影响，土壤中虫害严重也会加重该病的发生。病害症状、发病规律及为害程度也随主要致病菌的不同而存在很大差异，病原菌直接或通过伤口侵入种子或芽，形成病斑，进一步引起种子或芽的腐烂。

（二）防治方法

本病易防难治，种子包衣为最佳防治措施。根据土壤墒情适期播种，根据主要致病菌的不同，选择合适的药剂包衣或拌种。如满适金等对腐霉菌防治效果较好，满适金、咯菌腈、卫福200FF 种衣剂、黑虫双全种衣剂等对镰孢菌防治效果较好，地下害虫严重的地块，要选择帅苗种衣剂或含辛硫磷等杀虫剂成分的拌种剂。

十四、苗期根腐病（苗枯病）

（一）发病症状

在玉米 3~6 叶期发病。一般株型矮小；下部叶片黄化或枯死，或植株茎叶呈灰绿色或黄色失水干枯，或叶鞘上可见云纹状斑块并引起叶枯；根或茎基部组织上有水渍状黄褐色或紫色病斑，或腐烂，或缢缩。轻者可在滋生水根后症状减轻，但是，长势明显减弱，后期影响产量，或发展成茎腐病；重者死亡干枯，造成缺苗断垄。

引起苗枯病的各种病原菌在土壤中和种子上越冬。由于是弱寄生菌，可长期在土壤中存活，玉米播种后，土壤中或种子上的病菌开始侵染种子根、次生根、中胚轴甚至茎基部，引起地上部幼苗发病，枯死。

（二）防治方法

本病以预防为主，播种前采用咯菌腈悬浮种衣剂或满适金种衣剂包衣效果较好；发病后加强栽培管理，喷施叶面肥；湿度大的地块中耕散湿，促进根系生长发育；严重地块可选用72%代森锰锌·霜脲氰可湿性粉剂600倍液或58%代森锰锌·甲霜灵可湿性粉剂500倍液喷施玉米苗基部或灌施根部。

十五、顶腐病

（一）发病症状

是近几年新发生的一种病害，多数发病在植株上部，使叶片失绿、畸形，叶片边缘产生黄化条纹或叶尖枯死，有的植株心叶基部卷曲腐烂。品种的抗性不同，症状表现不一样。

病原菌在种子、病残体、土壤中越冬，翌年从植株的气孔、伤口侵入。高温高湿有利于病害流行，害虫或其他原因造成的伤口有利于病菌侵入。多出现在雨后或田间灌溉后，低洼或排水不畅的地块发病较重。

（二）防治方法

①选择抗病品种。②重病田轮作倒茬。③做好害虫的防治工作，避免造成伤口被细菌侵染。④用满适金包衣或拌种。⑤在发

病初期可用50%多菌灵可湿性粉剂、80%代森锰锌可湿性粉剂、菌毒清、农用链霉素等药剂兑水灌心。

十六、茎腐病

又称玉米茎基腐病、青枯病，是成株期茎基腐烂病的总称。

（一）发病症状

品种的抗病性不同，其症状显示时期不同。一般品种的显症期在乳熟期。症状表现分两种类型：一种类型病程发展较快，植株迅速失水呈青枯状，茎基部第二节萎缩变软，果穗下垂；另一种类型病程发展较慢，植株由下而上叶片逐渐枯死呈黄枯状，茎基部第二节萎缩变软，果穗下垂。受害株果穗籽粒松瘪，茎基部第二节髓部中空，后期易倒伏。扒开髓部或拔出根部可见白色絮状物和粉红色霉状物。

玉米茎腐病病原菌在病残体和土壤中越冬，成为翌年的侵染源。玉米茎腐病侵染期较长，苗期开始从根部潜伏侵染，成株期从根部直接或从伤口陆续侵染。发病程度与品种的抗病性、气候、土壤因素以及栽培管理有关。感病品种发病早、发病重。玉米散粉期至乳熟期降雨多、湿度大发病重。植株生长后期脱肥发病重。早播、连作发病重。

（二）防治方法

由于该病为全生育期侵入且后期发病的病害，所以，单纯的杀菌剂种子包衣或者拌种，效果均不理想。①目前，种植抗病品种是防治的主要方法。②防治地下害虫，减少伤口。③选择生物型种衣剂 ZSB 有一定的防治效果，用满适金种衣剂包衣也可降低部分发病率。④重病田避免秸秆还田，也可轮作倒茬。

第二节 虫 害

一、地老虎

（一）形态特征

小地老虎幼虫体长 37~47 毫米，暗褐色，表皮粗糙，密生大小不同的颗粒，腹部第 1~8 节背面，每节有 4 个毛瘤，前两个显著小于后两个，体末端臀板为黄褐色，上有黑褐色纵带两条。黄地老虎幼虫体长 33~45 毫米，头部黑褐色，有不规则深褐色网纹，体表多皱纹，臀板有两大黄褐色斑纹，中央断开，有较多分散的小黑点。大地老虎幼虫体长 41~61 毫米，体黄褐色，体表多皱纹，微小颗粒不显，腹部第 1~8 节背面有 4 个毛片，前两个和后两个大小几乎相同。臀板为深褐色的一整块密布龟裂状的皱纹板。

为害状：叶片被咬成小孔、缺刻状；可为害生长点或从根颈处蛀入嫩茎中取食，造成萎蔫苗和空心苗；大龄幼虫常把幼苗齐地咬断，并拉入洞穴取食，严重时形成缺苗断垄。幼虫有转株为害习性。

发生规律：大地老虎一年发生 1 代，小地老虎和黄地老虎一年发生 2~7 代，以老熟幼虫或蛹越冬。成虫昼伏夜出，卵多散产在贴近地面的叶背面或嫩茎上，也可直接产于土壤表层及残枝上。

（二）防治方法

（1）药剂拌种。用 50%辛硫磷乳油拌种，用药量为种子重量的 0.2%~0.3%；用好年冬颗粒剂播种时沟施。

（2）用 48%乐斯本或 40%辛硫磷 1 000 倍液灌根或傍晚茎叶喷雾。

（3）毒土、毒饵诱杀。用 50%辛硫磷乳油每亩 50 克，拌炒过的麦麸 5 千克，傍晚撒在作物行间。

（4）捕捉幼虫。清晨拨开萎蔫苗、枯心苗周围泥土，挖出地老虎的大龄幼虫。

（5）诱杀成虫。利用黑光灯、糖醋液诱杀成虫。

二、蝼蛄

为害东北地区玉米的主要是东方蝼蛄。

（一）形态特征

东方蝼蛄成虫体长 31～35 毫米，体色灰褐色至暗褐色，触角短于体长，前足发达，腿节片状，胫节三角形，端部有数个大型齿，便于掘土。

为害状：直接取食萌动的种子，或咬断幼苗的根颈，咬断处呈乱麻状，造成植株萎蔫。蝼蛄常在地表土层穿行，形成隧道，使幼苗和土壤分离，失水干枯而死。

发生规律：1～2 年完成 1 代，以成虫和若虫在土中越冬。翌年 3 月上升至表土取食，以 21—23 时活动最猖獗。

（二）防治方法

（1）药剂拌种。用 50%辛硫磷乳油拌种，用药量为种子重量的 0.2%～0.3%；用好年冬颗粒剂播种时沟施。

（2）毒饵诱杀。用 50%辛硫磷 30～50 倍液加炒香的麦麸、米糠或磨碎的豆饼，每亩用毒饵 1.5～3 千克，傍晚时撒于田间。

（3）灯光诱杀。设黑光灯诱杀。

三、蛴螬

（一）形态特征

体型弯曲呈"C"形，白色至黄白色。头部黄褐色至红褐色，上颚显著，头部前顶每侧生有左右对称的刚毛。具胸足 3 对。

为害状：取食萌发的种子或细嫩根颈，常导致地上部萎蔫死亡。害虫造成的伤口有利于病原菌侵入，诱发病害。

发生规律：一年或多年 1 代，因种而异。以幼虫或成虫在土中越冬，翌年气温升高开始出土活动。幼虫从卵孵化后到化蛹羽化均在土中完成，喜松软湿润的土壤。

（二）防治方法

（1）药剂处理种子。用 40% 辛硫磷乳油或 48% 毒死蜱乳油拌种。

（2）用 15% 毒死蜱乳油 200~300 毫升兑水灌根处理。

（3）毒饵诱杀。

（4）实行水旱轮作。

四、金针虫

（一）形态特征

老熟幼虫体长 20~30 毫米，细长圆筒形，体表坚硬而光滑，淡黄色至深褐色，头部扁平，口器深褐色。

为害状：取食种子、嫩芽使其不能发芽；可钻蛀在根颈内取食，有褐色蛀孔，被害株的主根很少被咬断，被害部位不整齐，呈丝状。

发生规律：一般 2~5 年完成 1 代，因品种和地域而异。幼虫耐低温而不耐高温，以幼虫或成虫在地下越冬或越夏，每年 4—6 月和 10—11 月在土壤表层活动取食为害。

（二）防治方法

（1）药剂防治。用 40% 辛硫磷乳油或 48% 毒死蜱乳油拌种，也可亩用 5% 辛硫磷颗粒 1.5 千克拌入化肥中，随播种施入地下。

（2）发生严重时可浇水迫使害虫垂直移动到土壤深层，减轻为害。

（3）翻耕土壤，减少土壤中幼虫存活数量。

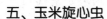

五、玉米旋心虫

（一）形态特征

成虫体长 5~7 毫米，头黑褐色，触角丝状，11 节。鞘翅翠绿色、足黄褐色。老熟幼虫体长 10~12 毫米，体黄色至黄褐色，头部深褐色，11 节，各节体背排列黑褐色斑点，尾片黑褐色。蛹为裸蛹，黄色，长 4~5 毫米。

为害状：幼虫从近地面的茎基部钻入。被害株心叶产生纵向黄色条纹或生长点受害形成枯心苗；植株矮化畸形分蘗增多。被害部有明显的虫孔或虫伤，常可见旋心虫幼虫。

发生规律：一年 1 代，以卵在土中越冬，翌年 6 月下旬幼虫开始为害，7 月上中旬进入为害盛期。

（二）防治方法

（1）用含吡虫啉、氟虫腈成分的种衣剂包衣。

（2）用 15%毒死蜱乳油 500 倍液灌根处理。

（3）撒施毒土。每亩用 25%甲萘威可湿性粉剂 1~1.5 千克，拌细土 20 千克，顺垄撒施。

（4）虫害严重的地块，可实行轮作。

六、蚜虫

（一）形态特征

成虫分有翅孤雌蚜和无翅孤雌蚜两种。体长 1.6~2 毫米。触角 4~6 节，表皮光滑、有纹。有翅蚜触角通常 6 节，前翅中脉分为 2~3 支，后翅常有肘脉 2 支。

为害状：群集于叶片背面、心叶、花丝和雄穗取食。能分泌"蜜露"并常在被害部位形成黑色霉状物，发生在雄穗上常影响授粉导致减产。此外，蚜虫还能传播玉米矮花叶病毒和红叶病毒，导致病毒病，造成更大损失。

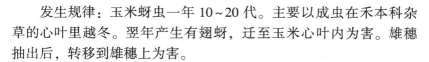

发生规律：玉米蚜虫一年 10~20 代。主要以成虫在禾本科杂草的心叶里越冬。翌年产生有翅蚜，迁至玉米心叶内为害。雄穗抽出后，转移到雄穗上为害。

（二）防治方法

（1）喷洒 10% 吡虫啉可湿性粉剂 1 000 倍液或 50% 抗蚜威 2 000 倍液等。

（2）清除田间地头杂草。

七、叶螨

（一）形态特征

雌螨体长 0.28~0.59 毫米。椭圆形，多为深红色至紫红色。

为害状：聚集在叶背取食，从下部叶片向中上部叶片蔓延。被害部初为针尖大小黄白斑点，可连片成失绿斑块，叶片变黄白色或红褐色，严重时枯死，造成减产。

发生规律：一年发生多代，以雌成螨在杂草根下的土缝、树皮等处越冬。翌年 5 月下旬转移到玉米田局部为害，7 月中旬至 8 月中旬形成为害高峰期。叶螨在株间通过吐丝垂水平扩散，在田间呈点片分布。

（二）防治方法

（1）用含内吸性杀虫剂成分的种衣剂包衣。

（2）用 20% 哒螨灵 2 000 倍液、41% 金霸螨 3 000~4 000 倍液、5% 噻螨酮 2 000 倍液喷雾，重点防治玉米中下部叶片的背面。

八、玉米螟

（一）形态特征

老熟幼虫体长 20~30 毫米，背部黄白色至淡红褐色，一般不带黑点，头和前胸背板深褐色。背线明显，两侧有较模糊的暗褐色亚背线。

腹部1~8节，背面各有两排毛瘤，前排4个较大，后排2个较小。

为害状：在玉米心叶期，初孵幼虫大多爬入心叶内，群聚取食心叶叶肉，留下白色薄膜状表皮，呈花叶状；2龄、3龄幼虫在心叶内潜藏为害，心叶展开后，出现整齐的排孔；4龄后陆续蛀入茎秆中继续为害。蛀孔口堆有大量粪屑，茎秆遇风易从蛀孔处折断。由于茎秆组织遭受破坏，影响养分输送，玉米易早衰，严重的雌穗发育不良，籽粒不饱满。初孵幼虫可吐丝下垂，随风飘移扩散到邻近植株上。

发生规律：一年1~7代，以老熟幼虫在寄主茎秆、穗轴和根茬内越冬，翌年春天化蛹，成虫飞翔力强，具趋光性。成虫产卵对植株的生育期、长势和部位均有一定的选择性，成虫多将卵产在玉米叶背中脉附近，为块状。

（二）防治方法

（1）在心叶内撒施辛硫磷、氯氟氰菊酯、杀虫双、毒死蜱等化学农药颗粒剂。

（2）使用Bt、白僵菌等生物制剂心叶内撒施或喷雾。

（3）在玉米螟卵期，释放赤眼蜂2~3次，每亩释放1万~2万头。

（4）玉米秸秆粉碎还田，杀死秸秆内越冬幼虫，降低越冬虫源基数。

（5）利用性诱剂迷向或高压汞灯诱杀越冬代成虫。

九、黏虫

（一）形态特征

老熟幼虫长36~40毫米，体色黄褐色至墨绿色。头部红褐色，头盖有网纹，额扁，头部有棕黑色"八"字纹。背中线白色较细，两边为黑细线，亚背线红褐色。

为害状：3龄后咬食叶片成缺刻状，5~6龄达暴食期，很快将幼苗吃光，或将成株叶片吃光只剩叶脉，造成严重减产，甚至绝收。

发生规律：一年2~8代，为迁飞性害虫，在北纬33°以北地区不能越冬，长江以南以幼虫和蛹在稻桩、杂草、麦田表土下等处越冬。翌年春天羽化，迁飞至北方为害，成虫有趋光性和趋化性。幼虫畏光，白天潜伏在心叶或土缝中，傍晚爬到植株上为害，幼虫常成群迁移到附近地块为害。

（二）防治方法

（1）在早晨或傍晚喷洒辛硫磷、高效氯氰菊酯、毒死蜱、定虫脒等杀虫剂1 500~2 000倍液喷雾防治。

（2）利用糖醋液、黑光灯或杨树枝把等诱杀成虫。

十、蝗虫

（一）形态特征

蝗虫体色根据环境而变化，多为草绿色或枯草色。有一对带齿的发达大颚和坚硬的前胸背板，前胸背板像马鞍状。若虫和成虫善跳跃，成虫善飞翔。

为害状：成虫及幼虫均能以其发达的咀嚼式口器嚼食植物的茎、叶，被害部呈缺刻状。为害速度快，大量发生时可吃成光秆。

发生规律：一年1~4代，因地而异。以卵在土中越冬。多数地区一年能够发生夏蝗和秋蝗两代，夏蝗5月中下旬孵化，秋蝗7月中下旬至8月上旬孵化。土壤干湿交替，有利于越冬蝗卵的孵化。

（二）防治方法

（1）虫量大的地块用20%的氰戊菊酯乳油2 000倍液、50%马拉硫磷乳油1 000倍液、25%杀螟硫磷500~800倍液喷雾。

（2）人工捕捉。

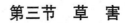

第三节 草 害

一、玉米田杂草的种类

玉米田杂草有 70 多种，为害严重的有稗草、狗尾草、马唐、牛筋草、芦苇、看麦娘、藜、反枝苋、酸模叶蓼、马齿苋、铁苋菜、苣荬菜、苍耳、龙葵、问荆等。其中，一年生杂草占发生量的 85%，多年生杂草占 15%。

二、玉米田杂草的发生规律

从 4 月下旬至 9 月上旬各种杂草均可发生。多年生杂草 4 月下旬开始发生；一年生杂草 5 月初至 9 月上旬均可发生。杂草第一次高峰期在 5 月底至 6 月上旬，杂草数量多，约占 70%；地面裸露多，杂草生长快，对玉米为害大，如不及时防治，将严重影响产量。杂草第二次高峰期为 6 月下旬至 7 月上旬，约占发生量的 30%，由于玉米的遮盖，杂草生长较慢，对玉米产量不构成威胁。

三、玉米田杂草的综合防治

玉米田杂草种类多，群落演替加快，单一化学除草导致多年生的恶性杂草比例增加，因此，必须采取综合防治的措施才能彻底解决草害问题。

（一）检疫措施

在引种或调运种子时，严格杂草检疫制度，防止检疫性杂草如豚草、假高粱等的输入或扩大蔓延。

（二）农业措施

它是减少草害的重要措施。实行秋翻春耕，破坏杂草种子和营养器官的越冬环境或机械杀伤，以减少其来源；高温堆肥，有机肥要充分腐熟（如 50~70℃ 堆沤 2~3 周），以杀死其内的杂草种子；有条件的地方实行水旱轮作，可有效地控制马唐、狗尾草、山苦菜、问荆等旱生杂草，在禾本科杂草发生严重的田块，也可采取玉米与大豆等双子叶作物轮作，在大豆生育期喷洒灭杀禾本科杂草的除草剂，待其得到控制后，再种植玉米；合理施肥、适度密植，促进玉米植株在竞争中占据优势地位，也是减少草害的重要措施。

（三）中耕除草

提倡中耕除草，以改善土壤通透性，同时减轻草害，尤其是第二次杂草高峰期，及时铲除田间杂草，对改善田间小气候、阻断病虫害的传播有重要意义。

（四）物理除草

利用深色地膜覆盖，使杂草无法光合作用而死亡。

（五）化学除草

玉米田化学除草主要在播种后出苗前和苗期两个时期施药防治。

苗前封闭：在玉米播种覆土后，均匀喷洒除草剂以防治芽期的杂草，是目前玉米田化学除草的主要方法。

常用玉米苗前除草剂使用及其注意事项

1. 酰胺类

如甲草胺、乙草胺、异丙甲草胺、异丙草胺、丙草胺、丁草胺等，防治一年生禾本科杂草及部分阔叶杂草，必须在杂草出土前施药，喷施药剂前后，土壤宜保持湿润。温度偏高或沙质土壤用药量宜低，气温较低或黏质土壤用药量可适当偏高。

药害表现：玉米植株矮化；有的种子不能出土，幼芽生长受抑制，茎叶卷缩、叶片变形，心叶卷曲不能伸展，有时呈鞭状，其余叶片皱缩，根颈变褐，须根减少，生长缓慢。

挽救措施：喷施赤霉素溶液可缓解药害；人工剥离心叶展开。

2. 苯甲酸类

如麦草畏等，防治阔叶杂草，在使用时药液不能与种子接触，以免发生伤苗现象。有机质含量低的土壤易产生药害。

药害表现：使用过量时，玉米初生根增多，生长受抑制，叶变窄、扭卷，叶尖、叶缘枯干，茎秆变脆易折。

挽救措施：适当增加锄地的深度和次数，增强玉米根系对水分和养分的吸收，喷施植物生长调节剂如赤霉素、芸薹素内酯等或叶面肥，减轻药害。

3. 三氮苯类

如莠去津、西草净、莠灭净、西玛津、扑草净、嗪草酮等，防治部分禾本科杂草及阔叶杂草，施用时在有机质含量低的沙质土壤容易产生药害，不宜使用；部分药效残效期长，对后茬敏感作物有不良影响。

药害表现：玉米从心叶开始，叶片从尖端及边缘开始叶脉间褪绿变黄，后变褐枯死，植株生长受到抑制并逐渐枯萎。

挽救措施：随着植株生长可转绿，恢复正常生长，严重时喷叶面肥或植物生长调节剂赤霉素、芸薹素内酯等减轻药害。

4. 有机磷类

如草甘膦、草甘膦异丙胺盐、草甘膦铵盐等，防治田间地头已出土杂草，要在无风天气下喷施，切忌污染周围作物；在喷雾器上加戴保护罩定向喷雾，尽可能减少雾滴接触叶片；施药 4 小时后遇雨应重喷。

药害表现：着药叶片先水渍状，叶尖、叶缘黄枯，后逐渐干枯，整个植株呈现脱水状，叶片向内卷曲，生长受到严重抑制。

遇土钝化，苗前使用对玉米无害。

5. 取代脲类

如绿麦隆、利谷隆等，防治一年生杂草，施药时应保持土壤

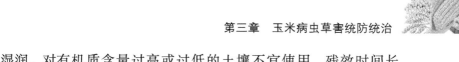

湿润，对有机质含量过高或过低的土壤不宜使用，残效时间长，对后茬敏感作物有影响。

药害表现：植株矮小，叶片褪绿，心叶从尖开始，发黄枯死。

挽救措施：根外追施尿素和磷酸二氢钾，增强玉米生长活力。

6. 二硝基苯胺

如二甲戊乐灵、氟乐灵等，防治对象是杂草，二甲戊乐灵在施药后遇低温、高温天气，或施药量过高，易产生药害，土壤沙性重、有机质含量低的田块不宜使用。玉米对氟乐灵较敏感，土壤残留或误施可能造成药害。

药害表现：茎叶卷缩、畸形，叶片变短、变宽、褪绿，生长受到抑制。须根变得又短又粗，没有次生根或者次生根稀疏，根尖膨大呈棒状。

挽救措施：加强田间管理，增强玉米根系对水分和养分的吸收；喷施叶面肥或植物生长调节剂赤霉素、芸薹素内酯等，减轻药害。

苗期喷雾：在玉米3～5叶期、杂草2～4叶期喷洒除草剂防治杂草。可选用广谱性的莠去津、砜嘧磺隆、甲酰胺磺隆等；防禾本科杂草的玉农乐；防阔叶草的2甲4氯钠盐、百草敌、阔叶散等；或两类药剂混用，如玉米乐加莠去津等。

常用玉米苗后除草剂使用及其注意事项

1. 苯氧羧酸类

2甲4氯钠、2甲4氯、2甲4氯钠盐、2,4-D异辛酯、2,4-D二甲胺盐等。

药害表现：叶色浓绿，严重时叶片变黄，干枯；茎扭曲，叶片变窄，有时皱缩，心叶卷曲呈"葱管"状；茎秆脆、易折断，茎基部"鹅头"状，支撑根短而融合，易倒伏。

使用注意事项：无风情况下施药，使用时尽量避开大豆、瓜类等敏感作物。2,4-D异辛酯不能与碱性农药混合使用，以免降低药效。

在沙壤土、沙土等轻质土壤以及施药后降水量较大的情况下，药剂被雨水淋溶至玉米种子所在的土层中，种子或胚芽直接与药剂接触，也易导致药害。

2. 磺酰脲类

如烟嘧磺隆、噻吩磺隆、砜嘧磺隆等。

药害表现：心叶褪绿、变黄，黄白色或紫红色，或叶片出现不规则的褪绿斑；或叶缘皱缩，心叶不能正常抽出和展开；或植株矮化、丛生。

土壤中残留造成的药害症状多为玉米3~4叶期呈现紫红色和紫色。

使用注意事项：烟嘧磺隆在玉米3~5叶期，噻吩磺隆、砜嘧磺隆在玉米4叶期前施药为安全期；遇高温干旱、低温多雨、连续暴雨积水易产生药害。施药前后7天内，尽量避免使用有机磷农药。

玉米对氯密磺隆、苯磺隆敏感，避免在这些除草剂残留地块中播种。

3. 三氮苯类

如莠去津、氰草津、扑草净等。

药害表现：从叶片尖端及边缘开始叶脉间失绿变黄，后变褐枯死，心叶扭曲，生长受到抑制。

使用注意事项：莠去津持效期长，勿盲目增加药量，以免对后茬敏感作物产生药害。氰草津在土壤有机质含量低、沙质土或盐碱地易出现药害，玉米4叶期后使用易产生药害。

4. 杂环化合物类

如甲基磺草酮、嗪草酸甲酯等。

药害表现：甲基磺草酮，叶片局部白化现象；嗪草酸甲酯，玉米叶尖发黄，叶片出现灼伤斑点。

使用注意事项：正常药量下对玉米安全；施药后 1 小时降雨，不必重喷；低温影响防治效果；甜玉米和爆裂玉米不宜使用。

5. 三酮类

如磺草酮等。

药害表现：叶片叶脉一侧或两侧出现黄化条斑，严重时呈白化条斑。

使用注意事项：玉米 2~3 叶期施药，禾本科杂草 3 叶后对该药抵抗力增强；无风天气下施用；玉米、大豆套种田不宜使用。

6. 腈类

如溴苯腈、辛酰溴苯腈等。

药害表现：溴苯腈，着药叶片出现明显的枯死斑，新出叶片无药害现象；辛酰溴苯腈，用药后玉米叶有水渍状斑点，之后斑点发黄，有明显的灼烧状，但不扩展。

使用注意事项：3~8 叶期施药，勿在高温天气用药，施药后需 6 小时内无雨；不宜与碱性农药混用，不能与肥料混用，也不能添加助剂。不可直接喷在玉米苗上。

在玉米田化学除草时，要根据当地杂草种类，兼顾除草剂特性与价格，选择适宜的除草剂品种，并注意轮换或交替使用，以防止抗性杂草群落的形成；根据环境条件及杂草密度，选用适宜的除草剂用量，如春季低温、降水量大、杂草密度低等要减少用量，反之要增加用量；为扩大杀草谱、延缓抗药性产生，提倡除草剂混用。

第四章　水稻病虫草害统防统治

第一节　病　害

一、恶苗病

（一）发病症状

恶苗病又称徒长病，在秧田和本田均可发生，一般以秧田期发生严重。该病初侵染菌源为种子带菌，菌黏附在稻种上，随着播种出苗，病菌侵入，造成秧苗细弱、徒长而死亡。恶苗病发生轻重与初次侵染菌源数量关系密切，同时，也受气候条件、品种抗性和栽培管理的影响。发病还与地温关系密切（地温在 30 ~ 35℃时，病苗最多）。一般糯稻比籼稻抗病，脱粒时受伤的种子或移栽时受伤的秧苗，易于发病。旱育秧比湿润育秧发病重、湿润育秧又比水育秧重；长时间深水灌溉或插老秧、深插秧、中午插秧或插隔夜秧发病严重。恶苗病主要以种子传病，应采用无病种子和播前种子处理为主的综合防治措施。

（二）防治方法

1. 选用无病种子

不要在病田及附近稻田留种，要选用健壮稻谷，剔除秕谷或受伤稻谷。

2. 种子消毒

播前用25%咪鲜胺乳油 3 000 倍药液浸种 1~2 天，或每 6 千克稻种用 17% 恶线清可湿性粉剂 20 克，兑水 8 升，浸种 60 小时，取出稻种用清水催芽，对恶苗病具有很好的防治效果。浸种前若能在晴天阳光下晒种 1~2 天，效果更好。

3. 处理病稻草

不能用病稻草作催芽或旱育秧的覆盖物。

二、条纹叶枯病

（一）发病症状

条纹叶枯病是由灰飞虱传播的一种病毒病。水稻播种后，灰飞虱在病麦上吸毒后再传到水稻秧苗上。发病轻重或流行与否主要取决于灰飞虱发生数量、带毒率、感病品种种植面积和气候条件等因素。毒源的多少，主要看冬作的大、小麦条纹叶枯病发生的轻重。若冬、春季灰飞虱成活率高、繁殖数量大，则传毒的概率就高。

（二）防治方法

粳稻较籼稻易感病，秧苗期和本田分蘖期较易感病。因此，应采取以防治灰飞虱为主的综合防治措施。

（1）推广优质抗病品种，提倡连片种植，减少插花田。选择较抗条纹叶枯病的盐粳 6 号、镇稻 88、香粳 49 以及优质中籼稻等水稻品种。

（2）适当推迟水稻播栽期。通过推迟播栽期避开灰飞虱迁移高峰期，可减轻秧田的药剂防治压力，沿江、苏南等有条件的地区通过推迟播栽期（常规水稻育秧于 5 月 20 日前后播种），避开灰飞虱成虫迁入高峰，可显著减轻病害发生程度。

（3）推广肥床旱育秧技术。因灰飞虱具趋水、趋嫩绿性，秧苗旱育，植株健壮，灰飞虱迁入量明显比水育秧田低，加强肥水管理，促进水稻健株分蘖，提高秧苗抗病能力。同时，铲除田边杂草，减少毒源。

（4）坚持防治秧田期、保护本田期；防治早稻田、保护晚稻田的原则。重点做好药剂浸种工作，使用吡虫啉、氟虫腈等有效药剂浸种，压低秧田灰飞虱虫量，减轻发病。同时应掌握在5月底灰飞虱迁入秧田高峰期、6月上旬2代孵化高峰期，每亩用5%氟虫腈30~50毫升或10%吡虫啉20克进行防治。另外，对秧田周围50米范围内的田块一并喷药防治，减少虫口基数。苏南、沿江地区7月中旬还应结合白背飞虱对第3代灰飞虱用吡虫啉防治。

三、纹枯病

（一）发病症状

在水稻整个生育期都可以发生，主要为害叶鞘和叶片，严重时也为害稻穗和深入茎秆，主要表现为前期病情轻、发病慢，中后期发展快、病情重，其典型的症状是云纹状病斑和菌核。纹枯病的发生与流行受品种抗病性、菌源数量、气候条件、栽培管理等因素影响。粳稻比籼稻容易感病，糯稻最易感病，生育期较短的品种比生育期较长而迟熟的品种发病严重。一般大田在分蘖盛期病情开始上升，而孕穗至抽穗期为发病盛期。田间菌核数量与初期发病轻重关系密切。连作稻田年年种植，田间累积的纹枯病菌核数量多，发病均较严重。在栽培管理方面，凡偏施、迟施氮肥的稻田，稻株嫩绿长势过旺，叶片浓绿披垂，茎秆软弱、纤细，抗病力低。同时，过早封行，田间郁闭，湿度增大，也有利于菌丝的生长蔓延，尤其是倒伏的稻株病情加重。凡栽插密度大（如直播田）、田间湿度大、光照弱，均可能使病情加重。而浅水灌溉、湿润管理、宽行栽培则能减轻病害发生。

（二）防治方法

其综合防治措施如下。

1. 清除菌核

实行秋翻深耕，把散落在地表的菌核深埋在土中。水田灌水耙地后捞去浮渣菌核，深埋或烧掉。病稻草不能还田和铲除田边杂草。

2. 栽培防病

合理施肥，应施足基肥，早施追肥，避免后期偏施氮肥，防止稻株贪青徒长。在水浆管理上，要遵循前浅、中晒、后湿的原则，其中，中期烤田至关重要，以促进水稻生长老健，以水控病，提高抗病力。合理密植，尽量使田间通风透光，降低田间湿度，减轻发病程度。

3. 适时用药

这是当前防治纹枯病最主要措施，在发病初期及早进行防治。8月下旬根据实际病情决定是否第二次用药，或结合其他病虫害兼治。可用12.5%克纹霉水剂，每亩200~250毫升，兑水50~70升喷施；或12.5%纹霉清，每亩300毫升，兑水50~70升喷施；或5%井冈霉素水剂，每亩300毫升，兑水37.5升喷于水稻中下部。

四、稻瘟病

（一）发病症状

稻瘟病是水稻最常见、最主要的病害，在水稻整个生育期中都可以发生，往往造成严重减产，甚至造成灾害，种子带菌和病稻草是稻瘟病的主要病源。水稻不同生育期感病，造成不同的发病症状，常称为苗瘟病、叶瘟病、节瘟病、穗颈瘟病、谷粒瘟病等。水稻品种的抗病性丧失；容易感病的生育期，如苗期、分蘖期和孕穗抽穗期多阴雨，湿度大，光照少；偏施氮肥，尤其是水稻拔节期以后偏施氮肥，造成贪青徒长；长期淹深水等，均有利于病菌的繁殖与侵入，造成大面积病害。

（二）防治方法

稻瘟病的综合防治措施如下。

（1）选用抗病、耐病性强的品种，并健全留种制度，是防病的经济有效措施。同时，要合理布局品种，并不断更新抗病品种。

（2）种子处理。稻种应从无病田或轻病田选留；带菌种子，特别是晚稻病种是苗稻瘟的初次侵染菌源之一，应进行种子消毒。可用10%"402"抗菌剂100倍溶液浸种2天，兼有杀菌和促进发芽的作用，或用50%多菌灵可湿性粉剂1 000倍液或70%硫菌灵可湿性粉剂1 000倍液浸种2天。

（3）加强栽培管理。播种适量，培育粗壮老健无病或轻病秧苗是防治苗叶瘟病的关键，本田前期基肥要足，注意氮、磷、钾的配合，促使稻株老健、稻株生长平衡。在分蘖盛期前，及时搁田，可以增强植株抗病能力，控制叶瘟病的发生和发展，从而减少药剂防治的面积。抽穗期灌脚板水，满足花期需要，灌浆期湿润灌溉，有利于后期青秆黄熟，减轻发病，病害常发地区和易发病田块应不施或慎施穗肥，以免加重发病，造成减产。

（4）药剂防治。稻瘟病常年流行地区，要采取抑制苗瘟病、叶瘟病和狠治穗颈瘟病的药剂防治策略。在水稻移栽时用750倍液三环唑药液（用20%三环唑可湿性粉剂100克，兑水70~80升），浸秧3~5分钟，取出堆闷20~30分钟后移栽，基本上可以控制大田叶瘟病，减少大田叶瘟病发生面积和防治次数。药剂防治的重点是穗颈稻瘟病，因其对稻米的产量及品质影响极大，若在破口期，天气预报有低温阴雨天气，必须立即施药防治。如果天气有利于病害继续发病，在灌浆期再喷施1次。常用的药剂有75%三环唑粉剂每亩20~30克，或40%稻瘟灵乳油或可湿性粉剂，每亩70毫升，兑成500倍液喷雾；或40%多菌灵胶悬剂每亩100毫升；或2%春雷霉素水剂每亩75毫升。

五、稻曲病

（一）发病症状

稻曲病是一种为害水稻穗部的病害，在一个穗上通常有一至

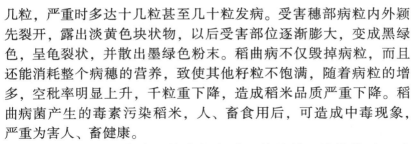

几粒，严重时多达十几粒甚至几十粒发病。受害穗部病粒内外颖先裂开，露出淡黄色块状物，以后受害部位逐渐膨大，变成黑绿色，呈龟裂状，并散出墨绿色粉末。稻曲病不仅毁掉病粒，而且还能消耗整个病穗的营养，致使其他籽粒不饱满，随着病粒的增多，空秕率明显上升，千粒重下降，造成稻米品质严重下降。稻曲病菌产生的毒素污染稻米，人、畜食用后，可造成中毒现象，严重为害人、畜健康。

不同品种对稻曲病的抗病性有明显的差异，从抽穗后至成熟期均能发生稻曲病，其中孕穗期最易感病；气候条件是影响稻曲病发育感染的重要因素，特别是降水量与温度的关系最为密切，在水稻孕穗至抽穗期，由于高温多湿，病菌最宜发育，长期低温、寡照、多雨可减弱水稻的抗病性。另外，化肥用量（特别是氮肥）增加，水稻抽穗后生长过于繁茂嫩绿，稻曲病加重发生。

（二）防治方法

稻曲病的综合防治措施如下。

（1）选用高产抗病品种。一般来说，散穗型、早熟品种发病较轻；密穗型、晚熟品种发病较重。

（2）选用无病种子，做好种子处理。播种前结合盐水选种，淘汰病粒，用 57℃ 温水进行温汤浸种 10 分钟后洗干净催芽播种；或用生石灰 0.5 千克，兑水 50 升，浸稻种 30~35 千克（可与恶苗病防治相结合），浸种时间一般为 15~20℃ 条件下 4~5 天，石灰水面应高于稻种，使稻种始终淹在水层下。

（3）早期发现病粒应及时摘除，重病地块收获后应进行深翻。春季播种前，清理田间杂物，以减少菌源。

（4）适量施用化肥，防止过多过迟施用氮肥，氮、磷、钾配合使用，氮肥采取基肥、蘖肥、穗肥各 1/3，不要过多施用穗肥。

（5）化学防治。以水稻抽穗前 7~10 天为宜。如预测稻曲病为流行年，可于破口初期，用 12.5% 纹霉清水剂每亩 400~500 毫升或 12.5% 克纹霉水剂每亩 300~450 毫升；或 5% 井冈霉素水剂每亩

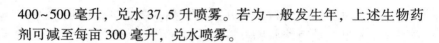

400~500 毫升，兑水 37.5 升喷雾。若为一般发生年，上述生物药剂可减至每亩 300 毫升，兑水喷雾。

第二节　虫　害

一、稻飞虱

（一）为害症状

稻飞虱常见的有灰飞虱、白背飞虱和褐飞虱。灰飞虱以若虫在杂草、土缝中越冬。褐飞虱、白背飞虱具有扩散和远距离迁飞习性，迁入的成虫趋集于嫩绿的稻田，集中于稻株基部吸食并产卵于叶鞘组织内，孵出的若虫仍在稻株基部栖息为害，并扩散到附近稻丛上。从稻田分布上看，呈成团发生和为害；从整个稻田表面看，稻株仍生长正常，若不拨开稻丛查看，不易发现有稻飞虱为害。所以，稻飞虱的发生为害具有隐蔽性。成虫在叶鞘或茎叶组织内产卵，产卵痕初为暗绿色，后由褐色变为暗褐色，成虫和若虫均有趋光性。气候条件和营养好时，短翅型的个体比例大，为害也较重。其为害都是群集在稻株的下部取食，用刺吸式口器刺进稻株组织吸食汁液。虫量大时引起稻株下部变黑，瘫痪倒伏，俗称"冒顶、透天"，导致严重减产或失收。

长江中下游地区"盛夏不热，晚秋不凉，夏秋多雨"气候适宜褐飞虱大发生。秋季"寒露风"来得早迟和强度直接影响褐飞虱发生为害的程度。稻田适时搁田，适当用肥，改善田间小气候，可抑制飞虱的增长。长江以南每年发生 4~5 代，尤以 8—9 月发生的第 3、第 4 代若虫威胁最大。

（二）防治方法

对飞虱的防治应以褐飞虱为主，其综合防治措施如下。

1. 选用抗虫品种

稻飞虱是亚洲水稻上的重要害虫，可选用适合当地的抗虫品种种植。

2. 药剂防治

由于稻飞虱的发生面积大，为害程度重，做好虫情调查，使用选择性农药，仍是当前防治的主要措施。害虫大发生年采用"治三压四"的防治策略，在每百丛水稻有虫1 000头以上时开始施药。每亩用10%吡虫啉可湿性粉剂20克；或5%氟虫腈胶悬剂30~40毫升；或25%噻嗪酮粉剂30克，兑水37.5升喷雾。一般发生年在主害代每亩用1%灭虫清（阿维菌素）悬浮剂40~50毫升防治，防治适期为低龄若虫盛期。

二、稻纵卷叶螟

（一）为害症状

稻纵卷叶螟又名刮青虫、白叶虫、苞叶虫。成虫喜群集在生长嫩绿、荫蔽、湿度大的稻田或生长茂密的草丛间，夜间活动，有一定的趋光性，对金属卤素灯趋性较强。喜在插秧密度大、植株嫩绿的田块产卵，多散产在植株上部1~3个叶片上，并以剑叶下的叶片卵量最高，且叶背多于叶面，少数产在叶鞘上，多为1处1卵。幼虫先在心叶及附近取食，2龄后开始吐丝，把叶片纵卷成筒状虫苞，在内部啃食叶肉，只剩下虫苞外表的一层表皮，形成白色条斑；幼虫机敏活泼，一触即跳，并能迅速后退，能转叶为害，一生能结苞4~5个，如遇阴雨或惊扰时，转苞次数增加，为害加重。幼虫有背光性，因此多在傍晚或夜间转移，老熟幼虫主要在距离地面7~10厘米处叶鞘内、枯黄叶片或稻丛基部及老虫苞内化蛹。水稻受害后千粒重降低，空秕率增加，生育期推迟，一般减产二三成，严重的达五成以上，大发生时稻田一片枯白甚至颗粒无收。

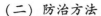
（二）防治方法

二代纵卷叶螟是水稻一生中发生数量最高、为害最重的一代，须进行重点防治。稻纵卷叶螟的防治应以农业防治为基础，合理使用农药，协调化学防治与保护利用自然天敌的矛盾，将幼虫的为害控制在经济允许水平之下，防治措施如下。

1. 选用抗（耐）虫良种

在高产、优质的前提下，应选择叶片厚硬、主脉坚实的品种类型，使低龄幼虫卷叶困难，成活率低，达到减轻为害的目的。

2. 药剂防治

水稻分蘖期和穗期易受稻纵卷叶螟为害，尤其是穗期损失更大。要在发生的主害代 2 龄幼虫盛期（即大量叶尖被卷时期），使用药剂防治较为恰当，尤其是一些生长嫩绿的稻田，更应作为防治对象田。药剂防治应狠治水稻穗期为害世代，不放松分蘖期为害严重的世代，采取"狠治二代、巧治三代、挑治四代"的综合防治措施，一般年份防治只需施药 1 次，即可达到消灾保产的目的。第 3、第 4 代幼虫视发生情况结合其他病虫害兼治。幼虫 3 龄前是药剂防治的最好时机。每亩可用 51% 稻农一号可湿性粉剂 50克；或 1% 灭虫清悬浮剂 40~50 毫升；或 0.36% 苦参碱水剂 60~70毫升；或 46% 特杀螟可湿性粉剂 50~60 毫升；或 5% 氟虫腈悬浮剂40~50 毫升，兑水 37.5 升喷雾。一般傍晚及早晨露水未干时施药的效果较好，夜间施药效果更好，阴天和细雨天全天均可施用。在防治失时或漏治、幼虫已达 4~5 龄的情况下，选用触杀性较强的药剂及时补治。在施药前先用竹帚猛扫虫苞，使虫苞散开，促使幼虫受惊外出，然后施药，可提高防治效果。施药期间应灌浅水 3~6 厘米，保持 3~4 天。如在搁田或已播绿肥不能灌水时，药液应适当增加。

三、二化螟

（一）为害症状

二化螟为我国南岭以北稻区水稻主要害虫，尤其是长江流域稻区发生严重。一年发生3~4代，以幼虫在稻桩、稻草、茭白桩内越冬。在稻型种植一致的地区，主要是第1代发生严重，如果一个地区插花种植，桥梁田多，第2代发生为害也很严重。二化螟第1代发生严重与否，与越冬虫源多少关系密切。如免耕田、小麦田多的地区，越冬虫源就多，第1代发生为害就严重；第2代发生严重程度，与当地插花种植程度关系密切。越冬幼虫抗寒力强，在越冬期间如遇环境不适宜，亦可爬行转移，还可为害小麦和其他杂草。

若春季4月化蛹期雨水多，则死亡率增大。

由于种植业结构调整后，茭白、玉米及蔬菜等面积的不断扩大，田外寄主较多，虫源复杂，发生期拉长，加之长期使用沙蚕毒类农药，抗性增加，防效下降，有利于虫量的积累，因此二化螟呈偏重发生的趋势，即第1代偏重到大发生，局部特大发生；第2代中等至偏重发生。

（二）防治方法

二化螟综合防治措施如下。

1. 消灭越冬虫源

通过耕翻种植或浅旋耕灭茬，减少稻桩残存量，清理稻草，铲除田边、沟边的茭白、杂草，以减少虫源，破坏螟虫越冬场所，降低螟虫越冬成活率。

2. 更新水稻品种

压缩或淘汰少数特别感虫的品种，以减少化学防治压力和发生基数。

3. 化学防治

一是坚持"狠治一代，普治二代"的防治策略。第 1 代以压低基数为目标，秧田集中防治，防效明显。第 2 代以控制为害为目标，保产夺丰收。二是掌握虫情，保证在卵孵化高峰期施药。三是选准药剂，保证防效。药剂防治要根据不同地区、不同代次因地制宜选择药剂，尽量减少用药次数和用量，做到轮换用药，减缓抗药性，选择低毒和生物农药。四是正确施药，发挥药效。防治第 2 代二化螟，大水泼浇和粗喷雾的施药方式优于细喷雾和弥雾。掌握在枯梢期用药剂防治。

在卵孵化盛期，对每亩卵量 50 块以上田块及时喷药防治，防枯心、枯梢可在蚁螟期（卵孵盛期）用药；防白穗可在水稻破口初期（破口 10% 左右）用药。虫量大发生时，需在用药后 5~7 天防治第二次。适用药剂：每亩用 5% 氟虫腈胶悬剂 40~50 毫升或 48% 乐斯本 50~60 毫升，宜防治第 1、第 2 代三化螟和第 1 代二化螟，具广谱性和持效性，并可兼治灰飞虱、稻象甲；也可用生物农药苏特灵，于卵孵、低龄高峰前用药；每亩用 51% 稻农一号 50 克，或用 46% 特杀螟 60 克，兑水 37.5 升喷雾。

四、三化螟

（一）为害症状

三化螟为单食性害虫，只为害水稻，由卵块孵出的蚁螟，很快钻入稻株内，不像二化螟幼虫群集为害一段时间再分散。分蘖期为害产生枯心苗，孕穗期为害稻株产生白穗。对拔节期和抽穗期的稻株，因蚁螟钻入困难，其死亡率加大。一般发生 3 代，幼虫均在稻桩内越冬，三化螟初孵幼虫的钻入时机与水稻生育期关系密切，一般分蘖期、孕穗期的叶鞘薄，叶脉间距宽，幼虫易钻入，成活率高，常称之为危险生育期。若水稻分蘖期或孕穗期与三化螟卵块孵化期相遇，则为害更大。

（二）防治方法

三化螟的综合防治措施如下。

1. 减少越冬虫源

方法同二化螟。

2. 优化品种布局

合理布局，连片种植，在同一地区种植同一品种，使水稻生育期相对一致，既可缩短螟虫有效盛发时间，又可切断三化螟由第 2 代向第 3 代的过渡桥梁，降低螟虫存活率。

3. 药剂防治

掌握在螟卵孵化高峰期用药防治。药剂种类同二化螟。兑水量越大防效越好，泼浇和喷粗雾的防效较理想，尤其是在水稻后期施药时，常规喷雾每亩兑水量不能低于 60 升/亩，不宜使用弥雾机。

第三节 草 害

一、稻田杂草的种类及其为害

稻田杂草种类很多，常见的主要有一年生杂草，如稗草、鸭舌草、节节草、异型莎草、水苋菜、水凤仙、鳢肠；也有多年生杂草，如牛毛毡、木莎草、眼子菜、瓜皮草、野慈姑、野荸荠、四叶萍、水花生、三棱草、碎米莎草等。

杂草对水稻的为害是多方面的。一方面，它在稻田内同水稻争水、争肥、争光，恶化稻田生态环境，直接影响水稻的产量和品质。另一方面，很多杂草还是水稻病原物和害虫的中间寄主，会加重水稻病虫害的发生，所以田间杂草多，病虫害往往也更严重。

二、稻田杂草的防除途径

（一）减少杂草种源

减少杂草种源首先要防止杂草进入稻田，其具体措施包括清除稻种中的杂草种子（如筛除或用盐、泥水选种汰除杂草种子等）；对各种有机肥如牛粪、杂肥、堆肥等，要进行堆沤、发酵、腐熟，以便消灭混在其中的杂草种子，防止其进入稻田；还要防止杂草种子随灌溉水等进入稻田。在杂草种子成熟前要将其从稻田内全部清除，以防杂草种子掉落于稻田。

（二）轮作

实行不同种类作物的轮作换茬，是减少杂草的很好办法。在杂草严重的稻区，水旱轮作，可大大减轻草害，如水田里的眼子菜、野荸荠、瓜皮草、鸭舌草等，一经水旱轮作，就会大量死亡；稗草、异型莎草、看麦娘等，如果在旱田内经一年时间，也会大大减少。

（三）采用合理的耕作和田间管理措施

在杂草严重特别是连续少免耕的草害稻田，可进行1~2季深翻耕，以消灭或减少杂草；在作物生长期间，还要根据杂草发生情况合理中耕除草。同时，合理施肥，促进水稻前期早发，及早封行。以苗压草和适时晒田等都是抑制杂草发生的有效措施。

（四）生物防除

利用早期稻田水面放养绿萍，既抑制了杂草生长，又增加了稻田肥料，促进水稻生长；稻田养鱼，适时放鸭群入田，均可减少稻田杂草为害。

（五）化学除草

稻田化学除草，花工少，效率高，在田多劳力少的地方，化学除草可节省劳力，做到不误农时，特别是杂交水稻秧田或秧床，播种量少，田间空隙大，杂草容易生长，人工难以清除，施用化学除草剂，效果更为显著。

三、稻田化学除草技术

（一）秧田（或秧床）化学除草

旱育秧床的杂草多为旱地杂草，种类复杂，为害大，在防治上要掌握适期，用药要符合无公害清洁生产要求。其方法有以下几种。

（1）在播种盖土后覆膜前，每公顷可用 90% 高效禾草丹 2 250 毫升 + 10% 苄嘧磺隆 300 克或 35.75% 的苄·禾可湿性粉剂（又称龙杀）3 000 克或 36% 旱秧净乳油 1 650 毫升或丁西合剂 2 250 克（60% 丁草胺乳油 1 125 毫升 + 25% 西草净可湿性粉剂 1 125 克）或 36% 水旱灵 1 500~2 250 毫升（以上任选一种），兑水 750~1 125 升喷雾。

（2）在播后苗前，每公顷用 17.2% 幼禾葆可湿性粉剂 3 000 克，兑水喷雾。

（3）对播后苗前除草效果不好的，可在秧苗 1 叶 1 心期每公顷用 37.75% 龙杀可湿性粉剂 2 250 克，或在秧苗 3 叶后每公顷用 50% 二氯喹啉酸可湿性粉剂 375 克，或于秧苗 4 叶期每公顷用稻农乐 450~600 克，兑水喷雾。

（二）本田（或秧床）化学除草

常规栽插本田化学除草：在移栽 4~7 天后，每公顷用 30% 精乐草隆（苄·乙）可湿性粉剂 300 克或 25% 农家旺可湿性粉剂 375 克或 18% 田草光可湿性粉剂 450 克或 14% 稻草畏（乙·苄）750 克等除草剂拌尿素或细沙土 150 千克均匀撒施，禁止使用含甲磺隆成分的苄·乙·甲系列除草剂。用药后保持浅水层 5~7 天，但切勿淹至水稻心叶，以防药害发生。

(三) 直播稻田化学除草

1. 播前除草

免耕直播田或老草较多的翻耕直播田,在播种前 4~7 天,每公顷用 10%草甘膦水剂 10 500 毫升或 41%草甘膦 2 250~3 000 毫升,兑水 600 升均匀喷雾于杂草茎叶。

2. 播后苗前封杀

水稻催芽播种,播后 3~4 天排水后每公顷用 60%新马歇特 675~900 毫升,加 10%苄嘧磺隆可湿性粉剂 300 克,拌细土 225~300 千克均匀撒施,或兑水 450 升均匀喷雾,进行芽前封杀处理。用药时保持田间湿润而不积水,用药 2 天后进行正常水浆管理。

3. 幼苗期除草

在水稻 1 叶 1 心期、稗草 2 叶期前 (播后 10~15 天),每公顷用新马歇特 750 毫升加苄嘧磺隆可湿性粉剂 300 克或苄丙草 1 500 克或 36%水旱灵 2 250 毫升或 42%新野 1 500 毫升,拌细土 225~300 千克撒施,以水不淹稻心为度。对稗草较多或前期未进行化除的稻田,可在稗草 2~4 叶期,排干田水后,每公顷用稻农乐 450~600 克或千金 600~750 毫升,兑水 450~600 升均匀喷雾,药后 1 天复水,并保持浅水层 4~6 天。

4. 分蘖期除草

对于部分水稻分蘖末期莎草、阔叶草等发生严重的田块,可在排干田水后,每公顷用施它隆 750 毫升或 20% 2 甲 4 氯水剂 3 750 毫升,兑水 600~750 升均匀喷雾,隔天灌水并保持水层 5~7 天。

第五章　花生病虫草害统防统治

第一节　病　害

花生在我国种植历史悠久，种植面积广，但由于传统的栽培技术落后，管理粗放，致使近几年来，花生病虫害发生普遍，为害严重，一般减产20%~30%，严重地块达70%~80%，甚至绝产。这不仅严重影响花生的产量，而且也使花生品质下降。因此，生产上要注意花生病虫害的防治。

一、青枯病

花生青枯病又叫"青症""死苗""花生瘟"等，是一种土壤传播的细菌性病害。此病在水旱轮作田发生较少，在旱坡地发生较多，一般发病率达10%~20%，严重的达50%~100%，严重威胁花生生产。因此，必须认真做好防治工作。

（一）发病症状

花生青枯病从苗期至收获的整个生育期间均可发生，一般多在开花前后开始发病，盛花期为发病盛期。

病菌主要侵染根部，使根端变色软腐，维管束组织变为深褐色，并自下而上扩展到植株的顶部。将病部横切后，用手挤压，可见浑浊乳白色细菌液流出。感病植株主茎顶梢第1、第2片叶首先表现失水萎蔫，扩展后，全株叶片自上而下失水萎蔫，叶色暗淡，但仍呈绿色。植株从感病到枯死需7~15天，植株上的荚果、果柄呈褐色湿腐状。

（二）防治方法

（1）防治青枯病最经济有效的方法是选用抗病品种，但各品种的抗病性因种植区域不同表现不太一致，因此在大面积引种前应先做好试验。

（2）此病主要靠存活在土壤中的病菌侵染为害，因此，有水源的地方，实行水旱轮作，防治效果较好。旱地可与瓜类、禾本科作物3~5年轮作，避免与茄科、豆科、芝麻等作物连作。旱地花生，播种前进行短期灌水，可使病菌大量死亡。

（3）改良土壤，注意排水，多施腐熟的有机肥。基肥要增施石灰、草木灰和磷肥，每亩基肥要施石灰40千克、草木灰100千克、过磷酸钙25千克，可促进花生生长健壮，提高植株抗病力。

（4）在花生播种时，用绿亨一号或绿亨二号拌种，可有效防治花生青枯病的发生。拌种时将种子浸湿后，每千克种子用绿亨一号1~2克或绿亨二号3~4克拌匀即可播种，也可用绿亨杀菌王1 000倍液浸种24小时后播种，防治效果达72.8%~87.6%。

（5）发现零星病株后，立即连根拔除集中烧毁，病穴撒上石灰粉，防止病菌蔓延传播。

（6）在花生苗期、始花期或发病初期用绿亨杀菌王1 000~1 500倍液或绿亨二号600~800倍液喷施，防治效果达89.2%以上。其方法是在花生出苗后每隔10~15天喷药1次。发病较重时，可用药液灌根，效果极佳。

（7）在花生苗期或发病期用沙菌王或遍地金1 000~1 500倍液喷洒，防治效果达90%以上，发病重时每亩使用沙菌王或遍地金35克兑水15~20千克稀释液灌根，效果极好。

（8）花生出齐苗后，亩用72%农用链霉素4 000倍液、10%苯醚甲环唑2 500倍液喷雾，为增加药效，可与天达2116壮苗灵600倍液混合掺混天达有机硅6 000倍液喷雾，效果更佳。

（9）青枯病开始发生时，用铜氨液淋病苗及病苗附近的健株，每株淋药液250克有一定的防效。也可用50%的花生病绝1 000~

2 000 倍液，隔 10~20 天喷 1 次，连喷 2~3 次防治。

二、茎腐病

花生茎腐病俗称烂脖子病，在全国各花生产区均有分布，一般发生在中后期，感病后很快枯萎死亡。后期感病者，荚果往往腐烂或种仁不满，造成严重损失。一般田地发病率为 20%~30%，严重者达到 60%~70%，甚至颗粒无收，对花生生产威胁极大。

（一）发病症状

本病在花生苗期和成株期均可发生。发病部位在植株近地面的茎基部和根颈处，患部初为黄褐色水渍状病斑，后变为黑褐色，并向四周扩展包围茎基部，引起黑褐色腐烂，使地上部萎缩枯死，潮湿时病部密生黑色小粒（分生孢子器）。病株荚果腐烂，或种仁不饱满。

（二）防治方法

（1）合理轮作倒茬，与禾本科作物轮作最好。清除田间病残体。增施腐熟的有机肥，追施草木灰。中耕锄草时避免对花生造成伤口，减少病菌侵染。及时拔除田间病株，带出田外销毁。及时排水防涝。

（2）花生收获后要充分晒干，不好的花生不能留种。在花生播种前，选晴好天气将花生果晒 1~2 天，以杀死果壳上的病菌，提高种子的出苗率，有利于培育壮苗。

（3）播前药剂拌种预防。目前防治该病的特效药是多菌灵，可用 40% 多菌灵胶悬剂 100 毫升，兑水 3 升，稀释后均匀拌花生仁 50 千克；也可用 25% 多菌灵粉剂，即将 50 千克花生种仁在清水内湿一下捞出，然后撒拌 200 克 25% 多菌灵粉剂；也可用干种子重量 0.3% 的 50% 多菌灵可湿性粉剂兑水 30 升配成药液浸种 50 千克，浸泡 24 小时，然后播种。

（4）花生生长期间喷药防治。每亩用 40% 多菌灵悬胶剂 100

克，兑水 60 千克，或用 70%甲基硫菌灵可湿性粉剂 800~1 000 倍液、50%苯菌灵可湿性粉剂 1 500 倍液喷雾防治。在花生齐苗后和开花前后各喷 1 次，有较好的防治效果，还可兼治花生根腐病、立枯病、叶斑病等病害。

三、根腐病

花生根腐病俗称"鼠尾""烂根"，在花生整个生育期均可发生。

（一）发病症状

侵染刚萌发的种子，造成烂种；幼苗受害，主根变成褐色，植株枯萎；成株受害，主根根颈上出现凹陷长条形褐色病斑，根端呈湿腐状，皮层变褐腐烂，易脱离脱落，无侧根或极少，形似鼠尾。潮湿时根颈部生不定根。病株地上部矮小，生长不良，叶片变黄，开花结果少并且多为秕果。

（二）防治方法

（1）实行轮作，轻病田轮作 3~5 年。

（2）整地改土，增施腐熟的有机肥，防涝排水，加强田间管理。

（3）播种前用 50%多菌灵按种子重量的 0.2%拌种，可有效减少发病率。

（4）发病初期用 50%的多菌灵 1 000 倍液喷雾防治。

四、病毒病

花生病毒病是花生的主要病害之一，严重影响花生的产量和品质，在我国北方生产区尤为严重。

（一）发病症状

我国花生病毒病主要有花生轻斑驳病毒病、花生黄花叶病毒病、花生普通花叶病毒病、花生芽枯病等不同类型的病害。

花生轻斑驳病毒病，由花生条纹病毒引起，感病植株首先在顶端嫩叶上出现褪绿斑，随后发展成浅绿与绿色相间的轻斑驳。沿叶脉有断续绿色条纹以及橡树叶花叶等各种症状。早期感病植株，稍矮化，后期矮化不明显。轻斑驳病在田间流行具有发病早、扩散快、形成高峰早、流行频率高的特点。

花生黄花叶病毒病，由黄瓜花叶病毒引起，病株开始在顶端嫩叶上出现褪绿黄斑，叶片卷曲。随后发展成黄绿相间的黄花叶、网状明脉和绿色条纹等各种症状。病株中等矮化。黄花叶病具有发生早、形成高峰早的特点。

花生普通花叶病毒病，由花生矮化病毒引起，病株开始在顶端嫩叶出现叶脉变淡或褪绿斑，随后发展成浅绿色相间的普通花叶症状。沿侧脉出现绿色条纹和斑点。叶片变窄，叶缘波状扭曲。病株中度矮化，所结荚果多为小果，普通花叶病在花生生长前期发展缓慢，到生育中后期进入高峰，年份流行频率较低。

花生芽枯病，由番茄斑萎病毒引起，病株开始在顶端叶片上出现很多伴有坏死的褪绿黄斑或环斑。有的叶片坏死，沿叶柄和顶端表皮下维管束褐色环列，并可导致顶端枯死。顶端生长受到抑制，节间缩短，植株明显矮化。

（二）防治方法

（1）选用感病轻和种传率低的品种，并且选择大粒籽仁作种子。

（2）采用地膜覆盖技术。地膜具有一定的驱蚜效果，可以减轻病毒病的为害。特别是银色膜，避蚜效果更好，应提倡使用。

（3）及时清除田间和周围杂草，减少蚜虫来源。

（4）播种时采用25%辛拌磷盖种，每亩用药量0.5千克，花生出苗后，要及时检查，发现蚜虫及时用药喷洒，增强药效，以杜绝蚜虫传毒。

五、锈病

花生锈病是我国南方花生产区普遍发生、为害较重的病害，北方花生产区也有扩展蔓延的趋势。

（一）发病症状

花生锈病主要为害叶片，到后期病情严重时也为害叶柄、茎枝、果柄和果壳。一般自花期开始为害，先从植株底部叶片发生，后逐渐向上扩展到顶叶，使叶色变黄。发病初期，首先叶片背面出现针尖大小的白斑，同时相应的叶片正面出现黄色小点，以后叶背面病斑变成淡黄色并逐渐扩大，呈黄褐色隆起，表皮破裂后，用手摸可粘满铁锈色粉末。严重时，整个叶片变黄枯干，全株枯死，远望似火烧状。不仅严重降低产量，而且也影响品质。

（二）防治方法

（1）选用抗病品种，不同花生品种对锈病的抗性有明显差异。

（2）加强栽培管理，改良土壤，合理施肥，施足底肥，增施磷、钾肥，早施追肥。挖好排灌沟，天旱可浇，天涝可排，减少田间湿度，提高花生抗病的能力。

（3）花生开花后要加强田间调查，特别注意早播田和低湿田，当发现发病中心，或发病株率达 1.5%~3.0%，或近地面第 1、第 2 片叶有 2~3 个病斑时，要立即喷药。第一次喷药后，根据雨情隔 10 天左右再喷 1 次，连喷 3~4 次即可。喷洒药剂可选用百科 1 000 倍液、1:2:200 倍的波尔多液、1:150 倍的胶体硫、75% 百菌清 600 倍液、联苯三唑醇 1 000 倍液、20% 三唑酮乳油 450~600 毫升兑水 750 升、9.5% 敌锈钠 600 倍液。敌锈钠连续使用会出现叶片早落现象，应与其他药剂交替使用。每亩每次喷药量 60~75 千克。

锈病主要多发生在叶背，喷雾时将喷头伸进花生丛中，喷嘴向上进行喷雾。喷药后如遇大雨要重喷，切忌在中午烈日下喷药，以免灼伤叶片。

多菌灵与硫菌灵对锈病夏孢子的萌发有促进作用，防治锈病时，切忌施用。

（4）花生收获时，及时处理病株，消灭病源，减少侵染。春植花生应适当早播（大寒至雨水、惊蛰），以避过花生生长后期多雨、高温的发病期。秋花生应适当晚播（立秋至处暑），以避过花生生长前期多雨季节。此外，还要多施有机质肥，施足土杂肥、基肥，增施磷、钾肥和石灰，增强花生抗病力。注意起畦开沟，以小畦种植，及时排出积水，降低湿度，提高抗病力，减少病害。

六、叶斑病

花生叶斑病有黑斑病、褐斑病、焦斑病、网斑病等 10 多种，以往我国发生的主要是黑斑病和褐斑病，近年来，焦斑病和网斑病流行很快，成为为害花生叶部的主要病害。花生受病后，叶、茎早枯，大批落叶，严重影响荚果饱满度，轻者减产 4% ~ 10%，重者达 30% 以上。

（一）发病症状

花生叶斑病以黑斑病和褐斑病为主，两种病害均以为害叶片为主。花生发病时先从下部叶片开始出现症状，后逐步向上部叶片蔓延，发病早期均产生褐色的小点，逐渐发展为圆形或不规则形病斑。褐斑病病斑较大，病斑周围有黄色的晕圈，而黑斑病病斑较小，颜色较褐斑病浅，边缘整齐，没有明显的晕圈。天气潮湿或长期阴雨情况下，病斑可相互联合成不规则形大斑，叶片焦枯，严重影响光合作用。如果发生在叶柄、茎秆或果针上，轻则产生椭圆形黑褐色或褐色病斑，重则整个茎秆或果针变黑枯死，使花生产量大幅度下降。

（二）防治方法

（1）选用抗病品种，较抗病的一般是生长直立、叶片厚、颜色深、花生粒大的品种或者是早熟品种，在发病较重的地块，可选用这些品种来种植。

（2）花生叶斑病菌的寄主比较单一，只侵染花生。采用花生与小麦、甘薯、谷子等作物轮作，使病菌得不到适宜的寄主，可减少为害，有效地控制病害的发生。病地最好实行两年以上的轮作。

（3）加强栽培管理，大犁深耕，适时播种，合理密植，施足底肥，促进花生健壮生长，提高抗病力。收获后及时清除遗留田间的病残体，不随意乱抛、乱堆。病地及时翻耕，消灭侵染来源。

（4）药剂防治是目前最有效的防治方法，防治效果较好的药剂有1∶2∶200倍（硫酸铜∶石灰∶水）波尔多液、80%代森锌可湿性粉剂400倍液、代森锰锌300倍液、50%硫菌灵可湿性粉剂2 000倍液、50%多菌灵可湿性粉剂1 000倍液、百菌清600～800倍液、2%"农抗120"200倍液、抗枯宁700倍液、百科1 000倍液、消斑灵1 500倍液，其中抗枯宁对褐斑病效果较佳，代森锰锌对网斑病效果较好。这些药剂均应在发病初期喷第一次，以后每隔10～15天喷1次，连续2～3次，每亩每次喷药液75～100千克。如果天旱病害停止发展，喷药间隔期可适当延长。由于花生叶面光滑喷药时适当加入黏着剂，防治效果更好。

在叶斑病与锈病混合发生的田块，因多菌灵对锈病菌丝有增殖作用，不宜喷施多菌灵。

七、疮痂病

疮痂病在局部地区流行。整个生育期均可发病，造成植株矮缩、病叶变形，严重影响花生的产量与质量。发病重的田块，所造成的减产可高达50%以上。

（一）发病症状

花生疮痂病可为害植株叶片、叶柄、托叶、茎部和果针，病株新抽出的叶片扭曲畸形。初为褪绿色小斑点，后病叶正、背面

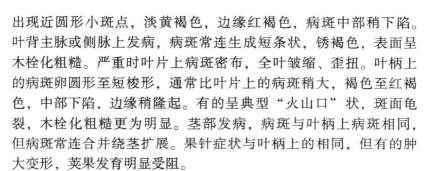

出现近圆形小斑点，淡黄褐色，边缘红褐色，病斑中部稍下陷。叶背主脉或侧脉上发病，病斑常连生成短条状，锈褐色，表面呈木栓化粗糙。严重时叶片上病斑密布，全叶皱缩、歪扭。叶柄上的病斑卵圆形至短梭形，通常比叶片上的病斑稍大，褐色至红褐色，中部下陷，边缘稍隆起。有的呈典型"火山口"状，斑面龟裂，木栓化粗糙更为明显。茎部发病，病斑与叶柄上病斑相同，但病斑常连合并绕茎扩展。果针症状与叶柄上的相同，但有的肿大变形，荚果发育明显受阻。

（二）防治方法

（1）发病地避免连作，可与禾本科作物进行 3 年以上轮作。采用地膜覆盖可减轻病害的发生。烧毁有病的茎叶，并且不能用有病茎叶作为堆肥而施入花生地里。

（2）发病初期喷施药剂，可选择 50%苯菌灵可湿性粉剂 1 500 倍液、70%甲基硫菌灵可湿性粉剂 1 000 倍液、75%百菌清可湿性粉剂 600~800 倍液、80%代森锰锌可湿性粉剂 300~400 倍液、12.5%烯唑醇可湿性粉剂 1 500 倍液、10%苯醚甲环唑水分散粒剂 2 000 倍液、30%苯醚甲环唑·丙环唑乳油 2 000~2 500 倍液其中的一种喷施，隔 7~10 天喷 1 次，连续 2~3 次。

八、白绢病

花生白绢病，又称菌核性茎基腐病，俗称白脚病。

（一）发病症状

花生根、荚果及茎基部受害后，初呈褐色软腐状，地上部根颈处有白色绢状菌丝（故称白绢病），常常在近地面的茎基部和其附近的土壤表面先形成白色绢丝，病部渐变为暗褐色而有光泽。植株茎基部被病斑环割而死亡。在高湿条件下，染病植株的地上部可被白色菌丝束所覆盖，然后扩展到附近的土面而传染到其他植株上。在极潮湿的环境下，菌丝簇不明显，而受害的茎基部被具淡褐色乃至红色软木状隆起的长梭形病斑所覆盖。在干旱条件下，茎上病痕发生于地表面下，呈褐色梭形，长约 0.5 厘米。并有油菜籽状菌核，茎叶变黄，逐渐枯死，花生荚果腐烂。

（二）防治方法

（1）收获后及时清除病残体，深翻。

（2）与水稻、小麦、玉米等禾本科作物进行 3 年以上轮作。

（3）选用无病种子，用种子重量 0.5%的 50%多菌灵可湿性粉剂拌种。

（4）提倡施用酵素菌沤制的堆肥或腐熟有机肥，改善土壤通透条件。

（5）春花生适当晚播，苗期清棵蹲苗，提高抗病力。

（6）发病后用 50%拌种双粉剂 1 千克混合细干土 15 千克制成药土盖病穴，每穴用药土 75 克。

（7）发病初期喷淋 50%苯菌灵可湿性粉剂或 50%扑海因可湿性粉剂或 50%腐霉利可湿性粉剂、20%甲基立枯磷乳油 1 000~1 500 倍液，每株喷淋兑好的药液 100~200 毫升。

九、黑霉病

花生黑霉病从幼苗到成株期均可感病，幼苗期最重。

（一）发病症状

该病主要发生在花生生长前期，病菌先侵染子叶使其变黑腐烂，继而侵染幼苗根部，潮湿时病部长出许多霉状物覆盖茎基部，茎叶失水萎蔫死亡。

（二）防治方法

（1）合理轮作，选用抗病品种。

（2）发病初期用 50%多菌灵 1 000 倍液或 70%甲基硫菌灵 1 000~1 500 倍液叶面喷雾，每隔 7~10 天喷 1 次，共喷 2~3 次，可与叶面肥相结合。

十、菌核病

花生菌核病是花生小菌核病和花生大菌核病的总称，花生大菌核病又称花生菌核茎腐病。花生菌核病害在我国南北花生产区均有发生，但为害不大。通常以小菌核病为主，个别年份或个别地块为害较重。

（一）发病症状

大菌核病引起的症状与小菌核病相似，但前者仅在茎蔓上发生，后期产生菌核较大。叶片染病，病斑暗褐色，近圆形，直径3~8毫米，具不明显轮纹。潮湿时，病斑呈水渍状软化腐烂；茎部发病，病斑初为褐色，后变为深褐色，最后呈黑褐色。造成茎秆软腐，植株萎蔫枯死。在潮湿条件下，病斑上布满灰褐色茸毛状霉状物和灰白色粉状物，即病菌菌丝、分生孢子梗和分生孢子。果针受害后，收获时易断裂。荚果受害后变为褐色，在表面或荚果里生白色菌丝体及黑色菌核，引起籽粒腐败或干缩。花生将近收获时，茎的皮层及木质部之间产生大量小菌核，有时菌核能突破表皮外露。

（二）防治方法

（1）重病田应与小麦、谷子、玉米、甘薯等作物轮作，可以减轻病害发生。花生生长期进行深中耕，将菌核埋入土中防止形成子囊盘，减少传病机会。田间发现病株立即拔除，集中烧毁。花生收获后清除病株，进行深耕，将遗留在田间的病残株和菌核翻入土中，可减少菌源，减轻病害。

（2）发病初期喷洒药剂防治，隔7~10天再补喷1次。药剂可选用40%纹枯利可湿性粉剂1 000倍液或50%复方菌核净1 000倍液或50%异菌脲可湿性粉剂1 000倍液或25%咪鲜胺乳油1 000倍液或50%乙烯菌核利可湿性粉剂1 000倍液。

十一、丛枝病

花生丛枝病为害春花生发病率为 2%～3%，秋花生发病率 10%～20%，严重的高达 80% 以上，且发病越早损失越重。

（一）发病症状

病害通常在花生开花下针时开始发生。病株枝叶丛生，节间短缩，严重矮化，多为健株株高的 1/2，病株叶片变小变厚，色深质脆，腋芽大量萌发，长出的弱小茎叶密生成丛，正常叶片逐渐变黄脱落，仅剩丛生的枝条。病害发展中后期，花器变成叶状。果针不能入土或入土很浅或向上变成秤钩状，根部萎缩，荚果很少或不结实。

（二）防治方法

（1）选择抗（耐）病品种。

（2）适时播种，春花生适时早播，秋花生适时晚播。

（3）加强肥水管理，提高抗病力。

（4）铲除田间附近豆科杂草和绿肥等可疑寄主，减少初侵染来源。

（5）发病初期及时拔除病苗，及时防治叶蝉，可减轻病害发生。

第二节 虫 害

一、蛴螬

蛴螬是金龟甲幼虫的总称，俗称老母虫，是花生产区严重的地下害虫。常在花生的结荚期咬食果实，造成荚果上出现大量的黑洞，大大降低花生的商品价值，也影响产量和收益。

（一）发病症状

蛴螬是农作物重要的地下害虫之一，常在花生的结荚期咬食果实，造成荚果上出现大量的黑洞。

以幼虫和成虫在土内 20~40 厘米处越冬。越冬成虫为翌年 4 月中旬早期出土成虫；越冬幼虫春季不上移，于 4 月中旬开始化蛹，5 月上旬开始羽化。成虫发生期从 5 月中下旬开始，6 月中旬进入盛期，7 月底 8 月初结束。

（二）防治方法

花生田蛴螬的防治要采取综合防治措施。实行农业防治和化学防治相结合、播种期防治和生长期防治相结合、防治幼虫和防治成虫相结合、花生田防治和其他作物田防治相结合的原则。禁止使用甲拌磷（3911）、甲基异柳磷等高毒、剧毒农药。

（1）深耕要达到 20 厘米以上，将土壤深层蛴螬翻到地面，使之死亡或被鸟食用。另外，随犁耙拾虫，亦有一定的效果。

（2）中耕能消灭一部分蛴螬。6—7 月正是蛴螬低龄幼虫发生期，对土壤条件要求极为严格，略有不适极易死亡。此时中耕翻动土壤，使幼虫移动部位，可因机械损伤而死亡，或翻到地表因干燥而死。清除田间杂草，也可减轻蛴螬为害，因金龟子成虫多取食农林作物和田间杂草叶片，并在附近交尾产卵，凡杂草较多的田块蛴螬数量较多。因此，及时清除田间杂草可断绝成虫食物来源，也可消灭部分在杂草根部的卵和低龄幼虫。

（3）蛴螬可取食土壤中有机质，凡大量施用未腐熟的农家肥的田块，蛴螬发生为害就严重，将农家肥充分沤制腐熟后再施入田间，可有效地控制虫口密度，减轻为害。农田灌水对蛴螬有明显的控制作用，这是因为蛴螬抗水能力差，一部分幼虫会窒息而死，另一部分因浇水下移土壤深处，暂不取食为害。另外，冬灌可压低虫口密度。

（4）采用二嗪磷颗粒剂、辛拌磷药剂盖种，可达到残毒低、防效高，兼治多种病虫害的效果。每亩用辛拌磷0.5千克，或每亩用上述药剂的有效成分50克直接或拌毒土盖种。持效期可达33~48天，除能防治蛴螬外，还能兼治苗期的蚜虫、蓟马、红蜘蛛等。盖种时施药要集中、均匀，直接撒于种子上，保证用量及质量，不漏株。施药人员要戴好防护用具，工作时不吸烟，不喝水，不吃食物，严禁用手抓药。

（5）在花生开花下针期进行田间调查，当田间优势种进入孵化期和初龄幼虫期时，即为防治适期。被害株率在1%以上的田块，要及时开展防治。可用50%辛硫磷每亩450克，每亩有效成分200克，兑水5千克，均匀拌入50千克沙中，制成毒沙，将毒沙围株撒于地面，然后松土，使毒沙落于近根土中。也可用50%辛硫磷1 500~2 000倍液，装入喷雾器中，去掉喷头，喷灌于花生植株周围的土中，对防治初孵幼虫效果很好。

（6）在成虫盛发期，将新鲜的杨树枝条截成50~70厘米长，5~7枝捆成1把，用90%晶体敌百虫500~800倍液均匀喷在树枝上，傍晚插于花生田内，每亩插4~5把，第二天早上收把保存于阴暗潮湿处，傍晚拿出再用，一把药枝能连续用2~3天。在7月上中旬成虫发生盛期，应大面积推广此项技术，效果较好。

（7）成虫盛发期用4.5%辛敌粉、5%甲敌粉等在花生田、玉米田、大豆田、寄主灌木上进行喷药防治，均有较好的防治效果。喷粉最好在夜间进行。

二、金针虫

金针虫是叩头虫的幼虫，为害花生的根部、茎基，取食有机质。

（一）发病症状

在土中为害新播种子，咬断幼苗，并能钻到根和茎内取食。也可为害林木幼苗。在南方还为害甘蔗幼苗的嫩芽和根部。生活史较长，需3~6年完成1代，以幼虫期最长。幼虫老熟后在土内化蛹，羽化成虫有些种类即在原处越冬。

3—4 月成虫出土活动，交尾后产卵于土中。幼虫孵化后一直在土内活动取食。以春花生为害最重，秋花生较轻。

（二）防治方法

（1）定植前土壤处理，可用 48%地蛆灵乳油 200 毫升/亩，拌细土 10 千克撒在种植沟内，也可将农药与农家肥拌匀施入。

（2）用 50%辛硫磷、48%乐斯本或 48%天达毒死蜱、48%地蛆灵拌种，比例为药剂：水：种子 = 1：（30～40）：（400～500）。

（3）用 48%地蛆灵乳油每亩 200～250 克、50%辛硫磷乳油每亩 200～250 克，加水 10 倍，与 25～30 千克细土拌匀成毒土，顺垄条施，随即浅锄；用 5%甲基毒死蜱颗粒剂每亩 2～3 千克拌细土 25～30 千克成毒土，或用 5%甲基毒死蜱颗粒剂、5%辛硫磷颗粒剂每亩 2.5～3 千克处理土壤。

三、地老虎

地老虎是地下害虫，不仅为害期长而且为害严重，常造成缺苗断垄现象，因地下害虫常在地下活动，隐蔽性强，防治困难，所以必须采取综合防治的方法。

（一）为害症状

地老虎是多食性害虫，以幼虫为害植物幼苗，将幼苗从茎基部咬断，或咬食地下荚果。

地老虎发生的代数各地不一。一般小地老虎在 5 月中下旬为害最盛，黄地老虎比小地老虎晚 15～20 天。两种地老虎幼虫为害习性大体相同，幼虫在 3 龄以前为害花生幼苗的生长点和嫩叶，3 龄以上的幼虫多分散为害，白天潜伏于土中或杂草根系附近，夜出咬断幼苗。老熟幼虫一般潜伏于 6～7 毫米深的土中化蛹。成虫在傍晚活动，趋化性很强，喜糖、醋、酒味，对黑光灯也有较强的趋性，有强大的迁飞能力。在潮湿、耕作粗放、杂草多的地方易发生。

（二）防治方法

（1）花生良好前茬是玉米、谷子等禾本科作物，避免重茬、迎茬。

（2）秋季深翻可将害虫翻至地面，使其暴晒而死或被鸟雀啄食，减少虫源。

（3）播前用种衣剂包衣，此方法也能有效地防止地老虎。

（4）6月下旬和7月下旬在金龟子孵化盛期和幼龄期每亩用辛硫磷颗粒剂2.5~3千克加细土15~20千克撒在花生根际，浅锄入土。也可用50%辛硫磷或90%敌百虫1 000倍液灌根。

四、蚜虫

蚜虫俗称蜜虫、腻虫，是花生的一种常发性害虫。

（一）发病症状

花生开花下针期是蚜虫为害的重要时期，此期蚜虫主要为害花萼管、果针，使花生植株矮小，叶片卷缩，严重影响开花下针和结果。由于蚜虫排出的大量"蜜露"而引起霉菌寄生，使植株茎叶发黑，甚至枯萎死亡。另外，蚜虫也是传播病毒病的主要媒介。

花生蚜虫在花生出苗后，就从杂草等中间寄主迁飞到花生田里。6月上中旬是点片发生，以后向全田扩展为害。此时正值花生开花期，如果天气干旱，气温高，虫口密度剧增，为害加重，这个时期是防治的关键。

（二）防治方法

花生生长期有蚜株率达20%~30%，平均每株有蚜虫30头左右时，就应施药防治。可用30%蚜克灵可湿性粉剂2 000倍液、2.5%扑蚜虱可湿性粉剂2 500倍液、10%高效吡虫啉可湿性粉剂

4 000 倍液等，每亩喷药液 75 千克。

每亩用 2% 杀螟硫磷粉 1.5 千克，在无风的早晨或傍晚，空气湿润时喷粉，也有较好的防治效果。

五、蝼蛄

蝼蛄俗名叫拉拉蛄、拉蛄、土狗子等。

（一）发病症状

蝼蛄喜食刚发芽的种子、花生的根部，为害幼苗，不但能将地下嫩苗根颈取食成丝丝缕缕状，还能在苗床土壤表层下开掘隧道，使幼苗根部脱离土壤，失水枯死。

一般于夜间活动，但气温适宜时，白天也可活动。土壤相对湿度为 22%~27% 时，华北蝼蛄为害最重。土壤干旱时活动少，为害轻。成虫有趋光性。夏秋两季，当气温在 18~22℃、风速小于 1.5 米/秒时，夜晚可用灯光诱到大量蝼蛄。蝼蛄能倒退疾走，在穴内尤其如此。成虫和若虫均善游泳，母虫有护卵哺幼习性。若虫至 4 龄期方可独立活动。蝼蛄的发生与环境有密切关系，常栖息于平原、轻盐碱地以及沿河、临海、近湖等低湿地带，特别是沙壤土和多腐殖质的地区。

（二）防治方法

（1）合理轮作，深耕细耙，可降低虫口数量。合理施肥，不使用未腐熟的厩肥，防草治虫，可以消灭部分虫卵和早春杂草寄主。

（2）按糖、醋、酒、水为 3：4：1：2 的比例，加硫酸烟碱或苦楝子发酵液，或用杨树枝把或泡桐叶，诱杀成虫。

（3）在花生幼苗出土以前，可采集新鲜杂草或泡桐叶于傍晚时堆放在地上，诱出已入土的幼虫消灭，对于高龄幼虫，可在每天早晨到田间，扒开新被害花生周围的土，捕捉幼虫杀死。

（4）把麦麸或磨碎的豆饼、豆渣炒香后，加 90% 敌百虫晶体混匀，亩施毒饵 2.0~2.5 千克，在黄昏时将毒饵均匀撒在地面上，于播种后或幼苗出土后洒施。

（5）3 龄以前用 2.5% 的敌百虫粉喷洒，亩用药量 2~2.5 千克，也可喷洒 90% 敌百虫或 50% 地亚农 1 000 倍液。如防治失时，可用 50% 地亚农或 50% 辛硫磷乳剂亩用药量 0.2~0.25 千克，兑水 5 000~7 500 千克顺垄灌根。

六、棉铃虫

棉铃虫又叫"钻桃虫"，在我国南北方花生产区均有发生，北方发生面积较大。

（一）发病症状

幼龄期的棉铃虫主要在早晨和傍晚钻食花生心叶与花蕾，影响花生发棵增叶和开花结实；老龄期白天和夜间均大量啃食叶片与花朵，影响花生光合效能和干物质积累，造成花生严重减产。

（二）防治方法

（1）深耕冬灌，减少虫源，消灭越冬蛹。

（2）取 60 厘米左右长的杨树枝，每 7~8 枝捆成 1 把，于黄昏时每亩均匀插 10 把，清晨捉虫，集中杀死，5~6 天更换 1 次，也可用黑光灯诱杀。

（3）百株花生有卵、虫 30 粒（头）以上时，应进行防治，当 30% 卵变为米黄色，部分卵出现紫光圈，个别已孵化时，为防治适期，应及时用药。可用含孢子量 100 亿/克以上的 Bt 制剂稀释 500~800 倍液、1.8% 阿维菌素乳油 2 000~3 000 倍液、10% 吡虫啉可湿性粉剂 4 000 倍、50% 辛硫磷乳油 1 000~1 500 倍液喷雾。

七、线虫病

花生线虫病又称花生根结线虫病、根瘤线虫病、地黄病、地落病、黄秧病等，分布范围广，我国花生产区几乎都有发生。

（一）发病症状

主要为害植株的地下部，引起地上部生长发育不良。凡是花生能入土的部分（根、荚果等）都能受线虫为害，播种半个月后，花生主根开始生长时，线虫侵入主根尖端，使根尖膨大变成纺锤形或不规则的虫瘿，表面粗糙，初期为乳白色，后变为黄褐色，经过多次再侵染，形成"须根团"并有腥臭味。花生受害后，根部吸收水分和养分的机能受阻，且根瘤减少，茎叶变黄，开花推迟，结荚很少，到7—8月雨季来临时，病株由黄变绿，但仍较健株矮小，病株结果少而秕，此外在根颈、果柄和果壳上有时也能形成根结。虫瘿是识别此病的重要依据。

（二）防治方法

（1）重茬地种植非寄主植物后，可减少土壤中线虫密度，使为害大幅度减轻，前茬是玉米、芋头、西瓜等都能降低病情指数，提高产量。因此，轮作换茬是减轻病害最经济有效的办法。

（2）深翻改土，增施肥料，尤其是有机肥料，可减少线虫密度，改良土壤结构，为花生创造良好的生长条件，可增强植株的耐病力，提高花生产量。

（3）地膜覆盖栽培后，改善了土壤的理化性状，促使花生生长健壮，提高耐肥力。覆膜后，地表5厘米地温提高2~5℃，尤其中午可升至35~36℃，超过线虫生育的适宜温度，对其生育不利。另外，覆膜后，地表土壤相对含水量提高13.7%~34.7%，能充分发挥药效，降低病情。

（4）播种时用线虫敌2号浸种5~10分钟，每亩用量600毫升；或线虫敌3号，每亩用5千克盖种，不仅能起到以菌治虫作用，而且还能防止环境和产品污染，防病效果20%，荚果增产10%左右。

（5）7月中旬后，遇旱浇水、遇涝排水；发现徒长时，每亩用20克壮饱安或5克果宝兑水100~150千克喷洒花生植株新梢；如出现脱肥早衰现象，每亩可喷施 1%尿素加 2%过磷酸钙水溶液或叶面微肥。

（6）在花针期第 2 代线虫病侵染初期，用高效低残留的杀虫剂，如益舒丰或线虫敌或木酢液兑水灌株，经试验，防效率高达60%，增产 32.7%。

（7）收刨时尽量把花生根部全刨出，就地铺晒，使根部水分降至 10%以下，能杀死部分线虫，减少土壤中线虫含量。花生荚果应充分晒干，使其含水量在 8%以下，以消灭荚果虫瘿内线虫，防止线虫病借荚果传播。

八、红蜘蛛

红蜘蛛为螨类害虫，为害花生的是棉红蜘蛛，也是花生的主要害虫。

（一）发病症状

一般 6—7 月为为害盛期。为害方式是聚集在叶片背面，结成蛛网，吸食叶肉叶汁，破坏叶绿素，影响叶片的光合作用。受害叶片先出现黄白色斑点，边缘向背面卷缩。受害轻时，叶片停止生长，受害严重时，叶片脱落，植株枯死，造成严重减产。

（二）防治方法

可选用 1.8%阿维菌素乳油 3 000 倍液进行防治。亩用 15%哒螨灵可湿性粉剂 30~40 克或 5.6%阿维哒螨灵 60~80 克或 15%螨粉可湿性粉剂 30~40 克兑水 40~50 千克，均匀喷雾。

九、蓟马

蓟马种类很多，为害花生的主要是花生蓟马。

（一）发病症状

成虫、若虫以锉吸式口器穿刺挫伤植物叶片及花组织，吸食汁液。幼嫩心叶受害后，叶片变细长，皱缩不开，形成"兔耳状"。受害轻的影响生长、开花和受精，重则植株生长停滞，矮小黄弱。花受害后，花朵不孕或不结实。

（二）防治方法

花生田首选40%七星保乳油600~800倍液或5%氟虫腈悬浮剂1 500倍液、10%虫螨腈乳油2 000倍液、1.8%爱比菌素4 000倍液或20%复方浏阳霉素乳油1 000倍液喷洒。

十、斜纹夜蛾

斜纹夜蛾又称莲纹夜蛾、斜纹夜盗蛾，其幼虫俗称"大食虫"，分类上归鳞翅目、夜蛾科。

（一）发病症状

斜纹夜蛾分布广，食性杂，属暴食性和间歇性猖獗为害的农作物大害虫。以幼虫咬食花生叶片为主，也为害花和果实荚果。低龄幼虫群集取食叶肉，残留表皮；高龄幼虫分散咬叶成孔洞、缺刻，严重时把花生叶片吃光致成光秆。

（二）防治方法

（1）在花生田与菜田插花种植的地方，应利用虫子趋光性、趋化性等特性，设黑光灯、插柳枝把、糖醋液诱测成虫，或种植少量诱测蛾卵植物（如蓖麻或向日葵），以掌握发蛾盛期及发蛾量，掌握卵及幼虫的数量、发育进度，以指导防治。

（2）结合管理，或采取连续突击办法，人工摘除卵块及带虫窝叶片集中处理。

（3）及时喷药毒杀低龄幼虫。因地制宜采取挑治（3龄前）或全面治（3龄后）办法，交替喷施20%虫死净可湿粉剂500~800倍液或Bt乳剂（100亿孢子/毫升）1 500~2 000倍液或25%灭幼脲3号悬浮剂1 000~1 500倍液或25%功辛乳油1 500~2 000倍液或21%灭杀毙乳油6 000~7 000倍液或2.5%氯氟氰菊酯乳油3 000~5 000倍液2~3次，每7~10天喷1次，喷匀喷洒。

十一、造桥虫

为害花生的主要为小造桥虫，以幼虫取食叶片、花和嫩枝。初孵幼虫取食叶肉，留下表皮，像筛孔，大龄幼虫把叶片咬成许多缺刻或空洞，只留叶脉。

（一）发病症状

初孵幼虫活跃，受惊滚动下落，1~2龄幼虫取食下部叶片，稍大转移至上部为害，4龄后进入暴食期。老龄幼虫在叶间吐丝卷包，在包内作薄茧化蛹。

（二）防治方法

（1）成虫发生期，在田间用杨树枝把或黑光灯诱杀。

（2）卵孵化盛期，用7216菌剂或Bt乳剂100倍液，还可用100亿活芽孢/克苏云金杆菌可湿性粉剂500~1 000倍液喷雾防治。

（3）在幼虫孵化盛末期到3龄盛期，喷洒20%天达虫酰肼悬浮剂2 000倍液、48%乐斯本乳油或48%天达毒死蜱2 000倍液、5%定虫隆乳油1 500倍液、50%辛氰乳油1 500倍液、20%甲氰菊酯乳油1 500倍液、20%奇箭乳油1 000倍液、5%氟虫脲可分散液剂1 500倍液、10%虫螨腈悬浮剂2 000倍液等。交替使用，收获前7天停止用药。

十二、卷叶虫

卷叶虫是一种以幼虫吐丝卷叶，在卷叶内取食叶肉来进行为害的害虫。

（一）发病症状

初孵幼虫多在心叶、嫩叶鞘内，啃食叶肉，呈小白点状。2龄幼虫啃食叶肉留皮，呈白色短条状，吐丝纵卷叶尖1.5~5厘米。3龄幼虫啃食叶肉呈白斑状，纵卷叶片虫苞长10~15厘米。4龄以上幼虫暴食叶片，食肉留皮。

（二）防治方法

（1）在早春杂草萌发之际，喷洒除草剂灭除田间地边的杂草。

（2）药剂防治。用青虫菌剂 600~800 倍液或百菌清 100~200 倍液稀释浓度喷洒。

十三、叶螨

花生叶螨在花生产区普遍发生，主要为朱砂叶螨和二斑叶螨，其中发生量最多、最严重的为朱砂叶螨，二斑叶螨发生面积较少，但近几年二斑叶螨有上升的趋势。近年来，花生叶螨的为害逐步加重，严重影响了花生的正常生长，已成为花生生产上的重要虫害之一。

（一）发病症状

花生叶螨群集在花生叶的背面刺吸汁液，受害叶片正面初为灰白色，逐渐变黄，受害严重的叶片干枯脱落。在叶螨发生高峰期，由于成螨吐丝结网，虫口密度大的地块可见花生叶片表面有一层白色丝网，且大片的花生叶被联结在一起，严重地影响了花生叶片的光合作用，阻碍了花生的正常生长，使荚果干瘪，大量减产。

（二）防治方法

（1）合理轮作，避免叶螨在寄主间相互转移为害。

（2）花生收获后及时深翻，既可杀死大量越冬的叶螨，又可减少杂草等寄主植物。

（3）清除田边杂草，消灭越冬虫源。

（4）当花生田间发现发病中心或被害株率达到 20% 以上时，要及时喷药防治，喷药要均匀，一定要喷到叶背面。另外，对田边的杂草等寄主植物也要喷药，防止其扩散。具体方法是对朱砂叶螨单一发生地块可用 15% 哒螨灵乳油 2 500~3 000 倍液、73% 炔螨特乳油 1 000 倍液或 20% 灭扫利乳油 2 000 倍液等均匀喷雾；朱砂叶螨和二斑叶螨混发地块用 1%7051 杀虫素乳油（阿维菌素）3 000 倍液喷雾防治。

第三节　草　害

一、花生田草害特点

杂草是影响花生产量的重要因素之一。据研究，花生田因草害减产一般达 5%~20%，严重的达 40%~60%，每平方米有 5 株杂草，花生荚果产量比无草的对照减产 13.89%，10 株杂草减产 34.16%，20 株杂草减产 48.31%，随着杂草密度的增加，花生减产幅度增加。

1. 早期为害重

杂草在花生尚未出苗时就发生，且比花生生长快且旺，竞争优势强。

2. 为害期长

可为害整个生长期。

3. 多草为害

为害花生的杂草种类很多，据调查，北方花生产区，花生田的杂草共有近 30 科 70 余种。种群最大的为禾本科，近 20 种，其次为菊科，近 10 种，还有蓼科、苋科、藜科和茄科等。为害最为严重的有马唐、莎草、铁苋菜、马齿苋、牛筋草、刺儿菜、狗尾草、灰绿藜、画眉草、稗草、龙葵等。

二、综合防除技术

（一）农业防除法

（1）轮作换茬。与非葱蒜类旱作轮作一般需 4 年以上，水旱轮作一般需要 3 年以上，才有较好的效果。

（2）深翻整地。深翻可以将表土层及种子翻入 20 厘米以下，抑制出草。化学除草中芽前土壤封闭要求地平、土细，利于土壤表层药膜形成，除草效果好。

（3）适期播种、合理密植。在腾茬后，于杂草自然萌发期适期播种，消灭部分已萌发的杂草幼苗。同时依照栽培方式和收获目标的不同，进行相应的合理密植，创造一个有利于花生生长发育而不利于杂草生存的环境。

（4）覆草（或地膜）。秋播花生时覆 3～10 厘米厚的稻草、玉米秆等，不仅能调节田间温度、湿度，而且能有效地抑制出草。地膜花生田草害严重，应推广除草药膜和黑色地膜或光降解地膜，使增温保墒和除草及环保有机结合。

（二）化学防除法

若芽前地表封闭除草不能实施，可在花生和杂草出土后，禾本科杂草在 2～4 叶期、阔叶杂草在 5～10 厘米高时进行茎叶喷雾除草。

（1）禾本科杂草。每亩用 6.9% 威霸 40～50 毫升或 10.8% 高效盖草能 25～30 毫升或 15% 精稳杀得 40～50 毫升或 20% 精禾草克 30 毫升，加水 40 千克茎叶喷洒，可防除一年生禾本科杂草。

（2）阔叶杂草。每亩用 24% 克阔乐 8～10 毫升或 25% 虎威 60 毫升，加水 40 千克，可有效防除常见的阔叶杂草。

（3）禾本科杂草和阔叶杂草混生。花生地选花生田专用除草剂克草星（花生宝），在花生 2～3 个复叶至封垄前均可使用，使用方法：花生 2～3 个复叶、杂草 1～3 叶期，亩用克草星 40～50 毫升兑水 40 千克均匀喷雾。

花生 4 个复叶至封垄前，杂草 4～6 叶期，亩用克草星 50～65 毫升兑水 40 千克均匀喷雾，或选以上两种除草剂混用。

（三）使用化学除草剂的注意事项

施用除草剂要达到预期效果，必须注意以下事项。

（1）定量匀施。无论是喷洒药液还是撒施毒土，都要将定量的药剂均匀地分布到整个除草地面，不漏，不重，保证施药质量。

（2）地面要平整细碎。施药前一定要将地整平、整细，这样施药后才能形成封锁杂草滋生的严密药层。

（3）注意施药时间。要根据除草剂的杀草机理，严格掌握施药时间。花生施用芽前除草剂，一般应在花生播种后、出苗前进行处理。

（4）注意施药时的土壤环境。除草剂的除草效果与土壤湿度关系很大，土壤湿润时，药剂易扩散，杂草萌发快而齐，除草效果好。土壤含水量低时，除草效果差。所以当土壤墒情较差时施用除草剂，应适当加大用水量（药量不变）以提高药效。土壤质地对药效亦有一定的影响，沙质土壤对药的吸附力差，应严格掌握用药量，以免发生药害，土壤有机质含量高，对药剂有吸附作用和微生物分解作用，用药量应酌情加大。

（5）保护药层，确保除草效果。花生喷洒除草剂后，不要到田间进行其他作业，以免破坏药层，降低除草效果。

（6）注意安全。除草剂对人、畜、禽有刺激，对鱼、虾类有毒害，施用时应规范操作，防止污染，注意安全。

（7）除草剂的保存年限和保存方法会影响防除效果。除草剂在室温下可以保存2～3年。原装乳油一般3～4年不会失效；粉剂或分装过的乳油最好在两年内用完。每次用过后要盖紧瓶盖并包扎塑料薄膜，防止药液挥发。

第六章　大豆病虫草害统防统治

第一节　病　害

大豆的病害有 30 余种，真菌病害居多，细菌性病害较少，病毒病以大豆花叶病毒为主，虽然我国南北方病害种类差不多，但为害程度差异显著。北方春大豆区主要有根腐病、胞囊线虫病、霜霉病、细菌性斑点病和灰斑病等。

一、大豆胞囊线虫病

大豆胞囊线虫病是大豆生产上为害最大、发生最普遍的病害之一。其特点是分布广、为害重、寄主范围宽、传播途径多、休眠体（胞囊）存活时间长，是一种极难防治的土传病害。一般可使大豆减产 5%~30%，严重的可达 30% 以上甚至绝产。

（一）发病症状

大豆胞囊线虫病是由大豆胞囊线虫寄生所致，大豆胞囊线虫主要为害寄主根系，造成植株地上部分出现症状。大豆在发病初期或发病轻时，表现为叶片缺绿，褪色，逐渐黄化，严重时植株矮化，整株黄化，瘦弱，逐渐干枯而死，苗期发生严重时可造成死苗，严重者不开花。大豆胞囊线虫初侵入根系时，在根表出现褐色斑点，根系发育逐渐变弱，造成根系不发达，根瘤减少，被害根部表皮龟裂，极易受其他真菌或细菌侵害，引起腐烂，根内雌虫成熟后虫体露出根表皮。此时，在根上可见白色或淡黄色如小米粒大小的肉质颗粒，即成熟的线虫雌虫，因此，根表雌虫是此病诊断的重要依据。

（二）防治方法

此病较难防治。应采取以合理轮作为基础，积极选育和利用抗线虫品种、加强病情监测、重点药物防治的综合措施。合理轮作是目前已知的最有效的控制大豆胞囊线虫的措施。采取大豆与禾本科作物如小麦、玉米、谷子等轮作，一般轮作两年非寄主植物，就允许种植感病的大豆品种，如果线虫的虫口密度极高，再轮作一年非寄主作物，就能获得较好的防治效果。施足底肥，提高土壤肥力，可以增强植株抗病力。应用抗病品种是最经济有效的方法。目前，国外尤其是美国主要靠抗病品种控制大豆胞囊线虫的为害，我国先后育成了抗线 1 号、抗线 2 号、抗线 4 号、抗线 5 号等品种。

二、大豆花叶病毒病

大豆花叶病毒病普遍发生于全国各大豆产区，同时也是世界各地大豆上的重要病害，严重影响大豆产量和品质。受害严重时，大豆结荚少或不结荚，褐斑粒多，一般减产 25% 以上，甚至高达 95%，几乎绝产。

（一）发病症状

大豆花叶病毒病的症状差异很大，不同品种间或感病时期不同，或气温高低不同表现的症状各异，大致有以下几种症状表现。

（1）黄斑型。植株上叶片皱缩、有黄色斑驳、叶脉变褐、坏死，叶肉上密生褐色坏死小斑点，或植株叶片上生大的黄色斑块，呈不规则形，叶脉变褐坏死，一般老叶不皱缩，植株上部叶片多呈皱缩花叶状。

（2）芽枯型。病株茎顶或侧枝顶芽呈红褐色或褐色，萎缩卷曲，最后呈黑褐色枯死，发脆易断，植株矮化。开花期表现症状为多数花芽萎蔫不结荚。结荚期表现症状为豆荚上生圆形或不规则形的褐色斑块，荚多变畸形。

（3）重花叶型。病叶呈黄绿相间的斑驳，皱缩严重，叶脉褐色弯曲，叶肉呈泡状突起，暗绿色，整个叶片的叶缘向后卷曲，后期叶脉坏死，植株矮化。

（4）皱缩花叶型。病叶呈黄绿相间的花叶而皱缩，叶片沿叶脉呈泡状突起，叶缘向下卷曲，常使叶片皱缩、歪扭，植株矮化，结荚少。

（5）轻花叶型。叶片生长基本正常，肉眼观察有轻微淡黄色斑驳，摘下病叶透过日光见有黄绿相间的斑驳。一般抗病品种或后期感病植株多表现此症状。

（6）褐斑粒。这是大豆花叶病毒病在籽粒上的表现，其斑驳色泽因豆粒脐部颜色而异，褐色脐的籽粒斑驳呈褐色，黄白色脐则斑纹呈浅褐色，黑色脐则斑纹呈黑色。

（二）防治方法

防治大豆花叶病毒病最经济有效的方法是选用抗病品种。全国各大豆产区均有一些较抗大豆花叶病毒病的品种，如鲁豆 4 号、鲁豆 11 号、齐黄 28、齐黄 29、齐黄 31 等。建立留种田，及时拔除病株，种子田与其他可能的毒源隔离 100 米以上，以防止外源传播，以无褐斑粒的无病种子留作种用。避免晚播，使易感期避开蚜虫高峰。在发病前或发病初期喷药防治，灭蚜要适时，在迁飞蚜出现前喷药效果最好。每亩用 2% 的菌克毒水剂 110~150 克，兑水 30 千克喷雾，连续喷施两次，间隔 7~10 天，或每亩用毒 A 可湿性粉剂 60 克，兑水 30 千克喷雾，每隔 7~10 天喷 1 次，连喷 3 次，或每亩用 10% 大功臣可湿性粉剂 20 克或 50% 的抗蚜威可湿性粉剂 10 克或 20% 氰戊菊酯 30 毫升或 25% 的快杀灵 60 毫升兑水 50~60 千克喷雾。另外，在 7—8 月结合防治蚜虫并加强肥水管理，可减轻发病。

三、大豆霜霉病

霜霉病分布于全国各大豆产区，一般发病率 10%～30%，减产 6%～15%，种子被害率 10% 左右，严重者达 26% 以上，大豆含油量降低 2.7%～15%。由于霜霉病的为害，病叶早落，大豆产量和品质下降，可减产 8%～15.2%。

（一）发病症状

大豆霜霉病为害幼苗、叶片、豆荚和籽粒。感病种子上的病菌侵染引起幼苗发病。当幼苗第 1 对真叶展开后，沿叶脉两侧出现褪绿斑块，后扩大到半个叶片，有时整叶发病变黄，天气多雨潮湿时，叶背密生灰白色霉层。成株期叶片表面生圆形或不规则形、边缘不清晰的黄绿色斑点，后变褐色，叶背生灰白色霉层。病斑常汇合成大的斑块，病叶干枯死亡。病株常矮化，叶皱缩。严重时叶片凋萎早落，整株枯死。病粒表面黏附灰白色的菌丝层，内含大量的病菌卵孢子。

（二）防治方法

选用抗病品种，严格清除病粒；选用无病种子，药剂拌种进行种子消毒。实行 3 年以上轮作。合理密植，增施磷、钾肥等均可达到一定的防治效果。发病初期及时喷施杀菌剂。较好的药剂有 65% 代森锌可湿性粉剂 500 倍液，亦可用 160 倍等量式波尔多液、50% 福美双可湿性粉剂 500～1 000 倍液、75% 百菌清可湿性粉剂 700～800 倍液。

四、紫斑病

紫斑病广泛分布于全国各大豆产区。感病籽粒除表现紫斑外，有时龟裂、瘪小，严重影响大豆籽粒质量，但对产量影响不明显。感病品种的紫斑粒率一般为 15%～20%，严重时达 50% 以上。

（一）发病症状

主要为害豆粒和豆荚，也侵染茎和叶片。豆粒上症状多呈紫红色。病轻时在种脐周围形成放射状淡紫色斑纹，严重时种皮大部分变紫色，常龟裂粗糙。黑霉豆是紫斑的另一特征，豆粒上病斑呈褐色至黑褐色，干缩有裂纹。豆粒紫色、褐色或黑褐色。豆荚上病斑呈圆形至不规则形，灰黑色，干后变黑色。叶上病斑多呈圆形或多角形，多沿叶中脉或侧脉两侧发生，褐色或红褐色病斑上生黑色霉层。茎上病斑多呈梭形，红褐色病斑上生微细小黑点。

（二）防治方法

采用抗病品种，一般抗病毒的品种也抗紫斑病。精选无病种子，并进行种子消毒。实行合理轮作，及时秋耕将病株深埋土里，减少侵染病源。结荚期进行药剂防治，可减轻发病。常用的药剂有65%代森锌可湿性粉剂、50%苯菌灵可湿性粉剂，常用浓度为400~500倍稀释液。发病初期开始喷，至少两次，每亩喷药剂溶液75升。

五、灰斑病

灰斑病普遍发生于国内各大豆产区，感病品种百粒重下降，一般减产15%以上，品质变劣。

（一）发病症状

主要为害叶片，也侵染茎、荚和种子。叶上病斑呈圆形、椭圆形或不规则形，病斑中央为灰色，边缘呈红褐色，叶背面生灰色霜层。严重时病斑密布，叶片干枯脱落。茎上病斑呈椭圆形，中央褐色，边缘红褐色，密布细微的黑点。荚上病斑为圆形、椭圆形，中央灰色，边缘红褐色。豆粒上病斑为圆形至不规则形，中央灰色，边缘暗褐色，状似"蛙眼"。

（二）防治方法

选用抗病品种，严格精选无病种子，并进行种子消毒。彻底清除病株残体，及时秋耕，将病株残体深埋。实行 3 年轮作，合理密植。在发病初期及时喷洒药剂。

六、大豆根腐病

大豆生育前期发病率为 56%，后期高达 75% 以上，病情指数一般年份为 30%~40%，多雨年份 50%~60%。一般年份减产 10%，严重时损失可达 60%，而且使含油量明显降低。

（一）发病症状

大豆整个生育时期均可感染大豆根腐病。出土种子受害腐烂变软，有能萌发的，表面生有白色霉层。种子萌发后腐烂的幼芽变褐畸形，最后枯死腐烂。幼苗期症状主要发生在根部，侧根从根尖开始变褐，以后变黑腐烂，主根下半部出现褐色条纹，以后逐渐扩大，表皮及皮层变黑腐烂，严重时主根下半部全部烂掉，甚至枯萎死亡。

病株地上部生长不良，叶片由下而上逐渐变黄，植株矮化，结荚少，严重时植株死亡。

（二）防治方法

引起大豆根腐病的病菌多为土壤习居菌，且寄主范围广，因此，必须采用以农业防治为主，与药剂防治相结合的综合防治措施。选用抗耐病品种与玉米、谷子、甘薯、花生等非寄主作物轮作。播种时增施钾肥、磷肥、农家肥等。干旱时，及时浇水、中耕、除草等可提高大豆的抗病能力，减少损失。用杀菌药剂拌种也有较好的防病效果。

七、大豆细菌斑点病

（一）发病症状

主要为害叶片，也侵染幼苗、叶柄、茎、豆荚和籽粒。叶上病斑初呈褪绿的小斑点，半透明，水浸状，后转黄色至淡褐色，扩大成多角形或不规则形，直径 3~4 毫米，呈红褐色或黑褐色，病斑边缘具黄色晕圈，在病斑背面常溢出白色菌脓，病斑常合并成枯死的大斑块，导致下部叶片早期脱落。荚上病斑初呈红褐色小点，后变黑褐色，多集中于豆荚的合缝处。种子病斑呈不规则形、褐色，上覆一层细菌菌脓。茎和叶柄形成黑褐色水溃状条斑。

（二）防治方法

选用抗病品种。播种前用杀菌剂处理种子，可消灭菌源。选用无病种子，从无病田留种。秋季收获后，深翻地，清除田间寄主残株。与禾本科作物实行 3 年以上轮作。发病始期喷施多菌灵、代森锌等杀菌剂。

八、大豆炭疽病

（一）发病症状

主要为害茎秆和豆荚，也可侵染幼苗和叶片。茎上病斑呈椭圆形至不规则形，灰褐色，常包围茎部产生大量黑点，为病菌的分生孢子盘。子叶上的病斑多发生在边缘，呈半圆形，褐色或暗褐色，干缩后凹陷。成株期叶片上病斑呈圆形或不规则形，初期为淡红褐色，周围有淡黄色晕纹，后变暗褐色，生有小黑点。荚上病斑近圆形，红褐色，后变灰褐色，有时呈溃疡状，略凹陷，病斑上的黑点略作轮纹状排列。早期侵染的豆荚多不结实，或虽结实，但豆粒皱缩干秕，变暗褐色。

（二）防治方法

处理田间病株残体，减少初侵染源。适时播种，保墒，促使幼苗早出土，可降低幼苗被侵染的概率。与非寄主植物实行 3 年以上轮作。用杀菌剂拌种。在开花后，发病初期喷洒杀菌剂也可起到较好的防治效果。

第二节　虫　害

我国的大豆害虫有 100 余种，为害较大的有 30 余种，其中为害严重而又普遍的有 10 余种，主要有：为害大豆根部的地下害虫，如潜根蝇，在各地比较普遍且严重，二条叶甲、地老虎等一旦发生，为害也较重；为害大豆茎叶的害虫，如大豆蚜虫、蓟马、二条叶甲、大豆四星叶甲以及苜蓿夜蛾、烟夜蛾、尺蠖蛾、灯蛾、草地螟、飞虱、蝽象、豆芫菁等多种鳞翅目害虫；为害大豆荚、籽粒的害虫，如食心虫和豆荚螟。

一、大豆红蜘蛛

（一）为害症状

大豆上发生和为害的红蜘蛛是棉红蜘蛛，俗名火蜘蛛。除为害大豆外，还为害其他豆类、棉花、瓜类、禾谷类、甘薯、芝麻等作物，是一种杂食性害虫。成螨和若螨均可为害，在大豆叶片背面或花簇上，吐丝结网吸吮汁液，受害豆叶最初出现黄白色斑点，而后叶片局部或全部蜷缩、枯黄、脱落。种苗生长迟缓，矮小，叶片早落，发荚数减少，结实率降低，豆粒变小，受害重时使大豆植株全株变黄、蜷缩、枯焦，如同火烧状，叶片脱落甚至成为光秆。低温、多雨、大风对红蜘蛛的繁殖不利。

一年发生 10 余代，以秋末交配过的雌虫在枯叶内、杂草根际、土块缝内越冬，翌年春先在杂草上为害，当大豆出苗后陆续转移到豆苗上为害，7 月中下旬为为害盛期，8 月上旬以后为害减轻。最适宜的温度为 29~30℃，最适宜的相对湿度为 35%~55%，干旱少雨年份发生重。

（二）防治方法

加强田间管理，及时进行铲趟，防止草荒。大豆收获后要及时清除田边杂草，并及时进行翻耕、秋翻地，消灭越冬虫源。合理轮作。6—7月如遇高温干旱气候，有条件的地方应及时对大豆进行喷灌。药剂防治，在点片发生时，大豆卷叶率达10%时，即应喷药进行防治。可选用1.8%集琦虫螨克乳油1 500~2 000倍液或20%扫螨净可湿性粉剂2 000倍液或24.5%多面手1 500倍液进行叶面喷雾防治。田间喷药最好选择晴天16—19时进行，喷药时要做到均匀周到，叶片正面背面均匀喷到，才能收到良好的防治效果。

二、烟粉虱

（一）为害症状

烟粉虱，别名棉粉虱，我国南方大豆产区发生较重。近几年由于气温升高、连年干旱和保护地面积的扩大，烟粉虱的发生范围和为害程度不断扩大与加重。烟粉虱为杂食性害虫，主要为害大豆、棉花、烟草、菜豆、甘薯和马铃薯等。成虫和若虫均可为害，但以若虫为害更严重，刺吸叶片和嫩茎的汁液，引起大豆组织损伤、枯萎。并分泌蜜露污染叶片，诱发霉污病。还可传播植物病毒，引发病毒病。

一年发生多代，7—8月大豆生长发育中后期发生较多。成虫白天活动，喜在温暖无风的天气活动，喜在顶端嫩叶上为害，卵多产在叶背面。1龄若虫在叶背面爬行，2龄以后以口器刺入寄主叶背组织内、固定不动吸食汁液。在高温高湿的条件下适于发生和繁殖，暴风雨常可以抑制其大量发生。

（二）防治方法

用噻嗪酮、吡虫啉防治。菊酯类药对烟粉虱防效甚微。也可利用寄生蜂等天敌进行生物防治。

三、大造桥虫

（一）为害症状

分布于我国各大豆产区，为害豆类、花生、棉花等作物，幼虫食害大豆叶片成缺刻或孔洞，严重时可将叶片吃光。

以蛹在土壤中越冬。夏季约 40 天完成 1 代，卵期 5 天，幼虫期 18~21 天，蛹期 9~10 天，成虫寿命 6~8 天。成虫羽化后 1~3 天交配，交配后第二天产卵，卵散产在土缝或土面上，雌蛾产卵量较多。成虫日伏夜出，飞翔力弱，成虫有趋光性。幼虫不活泼，在豆株似嫩枝状。

（二）防治方法

在成虫发生盛期，用黑光灯诱杀成虫。发生重的豆田，要进行冬耕，消灭土中越冬蛹。在幼虫为害盛期，可用触杀性药剂防治。

四、豆天蛾

（一）为害症状

豆天蛾，俗名豆虫，全国各大豆产区都有发生，为害大豆、绿豆等豆科植物，以幼虫食害大豆叶片，造成缺刻和孔洞，严重时可将成片豆叶食光，造成光秆，以至不能结荚而颗粒无收。

一年一般发生 1 代，以幼虫在土中越冬，越冬场所多在豆田或豆田周围。6 月幼虫移至土壤表层，作土室化蛹，7—8 月羽化为成虫。成虫昼伏夜出，白天躲在生长茂密的玉米茎秆和穗上，豆田极少发现，傍晚开始到豆田活动。成虫产卵较多，平均为 350 粒。成虫有趋光性。幼虫有背光性，4 龄前幼虫白天在叶背面，5 龄后因体重增加，叶片支持不住，便迁移到分枝上。幼虫老熟后入土越冬，体呈马蹄形居于土中。

（二）防治方法

春、秋翻地时拾虫。在幼虫 3 龄前喷洒杀虫剂进行防治。人工捕蛾或利用黑光灯诱杀成虫。

五、点蜂缘蝽

（一）为害症状

点蜂缘蝽为害大豆、蚕豆、棉花、水稻等作物，刺吸大豆荚、叶、茎的汁液，造成豆粒和叶片萎缩。

以成虫越冬。卵产于叶上，5~6 粒为一块。第 1 代成虫发生期为 7—8 月，为害夏大豆。

（二）防治方法

在成虫发生盛期和产卵盛期，可用杀螟硫磷等药剂防治；在 7—8 月间，发现田间若虫多时，可及时喷洒药剂防治。

六、大豆蛴螬

（一）为害症状

蛴螬是金龟甲幼虫的总称。为害大豆的蛴螬主要有暗黑鳃金龟、华北大黑鳃金龟、铜绿丽金龟、黑褐丽金龟等。大豆全生育期均可受到蛴螬为害。蛴螬食性杂，除为害大豆外，还为害花生、甘薯、禾谷类作物和蔬菜。成虫为害子叶和嫩芽。幼虫为害根部，对大豆生长期的为害多形成枯死株或地上部表现正常而根系受害。受害大豆一般减产 10%~20%，严重者达 50% 以上。

成虫白天潜伏 5~10 厘米深的土壤中，黄昏开始出土取食、交尾、产卵，深夜后即不活动，黎明时又潜伏回土壤。雌成虫从羽化出土到产卵约 1 个月。交尾后 4~5 天产卵于大豆根下 5~12 厘米深的土壤中。

（二）防治方法

大豆播种期可用药剂拌种或施毒土防治苗期蛴螬，如应用卵孢白僵菌拌土，防治效果可达87%。大豆生长期，可于7月中下旬蛴螬低龄期或大豆花荚初期用杀虫剂拌土，顺垄撒施后覆土，虫量可减少80%~94%。成虫可用黑光灯诱捕或杨树枝诱杀。

七、大豆食心虫

（一）为害症状

大豆食心虫又名大豆蛀蛾、小红虫、豆荚虫，大豆食心虫的食性单一，仅为害大豆、野生大豆等。幼虫蛀食豆荚和豆粒，被害豆粒形成虫孔、破瓣，严重时整个豆粒被吃光，影响产量和品质。

大豆食心虫一年发生1代，以老熟幼虫在土中作茧越冬，翌年7月下旬越冬幼虫开始移至土壤表层化蛹，8月上中旬为化蛹盛期，8月下旬为产卵盛期，8月中旬至9月上旬为卵孵化盛期，幼虫入荚在8月下旬至9月中旬，9月下旬至10月上旬大豆成熟，老熟幼虫脱荚入土结茧越冬。幼虫越冬后，随温度升高常咬破土茧向上移动，移至适宜位置重作新茧潜伏。羽化后，成虫从越冬场所飞往豆田，多潜伏在大豆叶背、茎秆和豆荚上，下午开始活动，黄昏活动最盛，对黑光灯有较强的趋性。卵主要产于豆荚上。大豆食心虫的蛹期约为12天，卵期6~7天，幼虫入荚为害期20~30天。

（二）防治方法

选用抗或耐大豆食心虫的品种。实行合理轮作。幼虫化蛹和成虫羽化期增加中耕次数以降低羽化率。大豆成熟时适当早收2~3天，使部分幼虫来不及脱荚，以降低越冬虫源基数。于成虫羽化和卵孵化盛期、幼虫蛀荚前，用杀螟硫磷等药剂防治成虫和初入荚幼虫。在幼虫脱荚期喷施白僵菌制剂防止幼虫入土越冬。在成虫盛发期使用螟黄赤眼蜂，提高其对卵寄生率，可降低为害程度。

八、豆荚螟

豆荚螟俗称豆蛀虫、豆荚虫，分布范围很广。除大豆外，还为害刺槐、绿豆、豌豆、菜豆、扁豆等豆科植物60余种。

（一）为害症状

以幼虫蛀入荚内食害豆粒造成减产。春大豆被害荚率为30%～40%，夏大豆被害荚率为20%～30%。大豆受害后，结荚期豆荚干秕，不结籽粒；鼓粒期豆粒被食，降低产量和品质。

豆荚螟在鲁北一年发生3代，1代为害刺槐，2代为害春大豆，3代为害夏大豆，以幼虫在豆田或场边草垛下1~3厘米土内结茧越冬，越冬幼虫4月中旬开始化蛹，6月上旬为越冬代成虫盛发期。9月下旬末代末龄幼虫脱荚入土，结茧越冬。

成虫白天隐藏在寄主叶背或田边草丛间，对黑光灯趋性较强。卵多产在豆荚表面凹陷处，初孵化幼虫先在豆荚表面爬行，然后蛀破荚皮，蛀入荚内。幼虫入荚后，将嫩粒蛀成小孔，在粒中蛀食。幼虫一生能食四五个豆粒，为害1~3个豆荚。

春大豆播种越早受害越重。品种的抗虫性也存在一定差异。多荚毛品种，如果荚毛的开张角度大、荚毛粗硬等，也不适合豆荚螟产卵，抗虫性也强。冬季低温和春季降雨对越冬幼虫不利。螟害发生期内，降雨对蛹的影响最大，降水量大对蛹有明显的抑制作用。发生程度还与天敌数量有关，豆荚螟幼虫的寄生天敌有黑胸茧蜂、金小蜂和扁腹小蜂等。

（二）防治方法

大豆田冬灌，场边堆草诱杀越冬幼虫均能降低越冬虫源基数，减轻翌年为害。春大豆适期晚播，可大幅度降低为害程度，并起到切断3代虫源的作用，减轻夏大豆受害程度。选用抗虫品种如跃进4号、鲁豆13号等也可减轻为害程度。成虫发生盛期或卵孵化盛期，用敌杀死等药剂进行叶面喷雾也可防治豆荚螟。

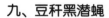

九、豆秆黑潜蝇

（一）为害症状

豆秆黑潜蝇除为害大豆外，还为害绿豆、红小豆、菜豆、豇豆等多种豆科作物，为害寄主植物的主茎、分枝及叶柄的髓部，粪便充满髓腔。春大豆受害率为 70% ~ 80%，夏大豆受害率为 100%。受害大豆一般减产 30% 左右，严重者达 50% 以上，甚至绝户。

豆秆蝇一年一般发生 5 代，以蛹在大豆及其他寄主的根、茎和秸秆中越冬。越冬蛹翌年 6 月上旬末开始羽化，羽化后 2~3 天产卵。卵经 3~4 天孵化为幼虫，幼虫发生高峰在 7 月上旬。第 1 代幼虫主要为害春大豆。第 1 代成虫发生期在 7 月中旬。

成虫飞翔力差，多在中下部叶片间隐藏。卵多产在叶脉主脉附近表皮下的组织内。初孵化幼虫在叶表皮取食，沿主脉穿通叶脉、小叶柄、叶柄、分枝而后到达主茎，并蛀食髓及木质部。大豆生长后期，主茎老化，4、5 龄幼虫多在分枝和叶柄内蛀食为害。老熟幼虫在茎壁上咬一羽化孔，并在被害部末端羽化。

若越冬蛹数量大，第 1 代有效虫源增加，为害会加重。播种晚，大豆幼苗生长发育缓慢，受害加重。主茎较粗，分枝较少，节间较短的有限结荚春大豆品种受害较轻。

（二）防治方法

在越冬代成虫羽化前，处理寄主作物秸秆。深翻豆田，消灭部分虫源。增施有机肥，适时早播，实行轮作换茬。在成虫盛发期，喷施杀螟硫磷、辛硫磷等杀虫剂。

第三节　草　害

杂草为害是大豆减产的重要原因，大豆是中耕作物，行距较宽，从苗期到封垄之前对地面覆盖率很小，杂草和大豆同时生长，彼此间对养分、水分、光照等的竞争形势逐渐形成，特别是播种后5周或出苗4周内的杂草占了全年杂草发生量的50%。此类杂草通过中耕管理可以防除，但大豆苗间杂草直到封垄后仍保持于大豆田中并造成为害。

一、杂草的发生与为害

我国豆田杂草种类繁多，常发生且影响产量的有20多种，其中一年生禾本科杂草有野稗、狗尾草、马唐、野燕麦、牛筋草等；一年生阔叶杂草有苍耳、苋、铁苋菜、马齿苋等；多年生杂草有问荆、大蓟、刺儿菜等。春大豆田杂草发生的情况表现为前期以一年生早春杂草占优势，可采用播前除草和机耙灭草；6月上旬前，则以一年生晚春杂草为优势种；大豆封垄后，则以稗草、苍耳、藜、龙葵为优势种。黄淮海流域夏大豆田杂草发生的特点为：集中型杂草出土早而且集中，在播种后5天出现萌发高峰，25天杂草出苗占总数的90%以上，持续时间达40天左右，密度小，为害轻。分散型杂草分散出土，播种后10天左右出现萌发高峰，40天杂草出苗占总数的90%以上，持续时间达70天左右，密度大，为害重。

二、防除方法

豆田除草可采用手工除草、中耕除草和化学除草等方式结合进行。手工除草适合在苗期与间苗定苗同时进行或生育中后期草量较少时采用。中耕除草和培土除草，应在齐苗后和封垄前进行，可采用人工中耕或机械中耕。使用化学除草剂除草效率高，播种前、播种后和生育期间均可进行。但应特别注意除草剂的种类、用量和是否适合大豆，因大豆对除草剂十分敏感，施用不当易受药害，造成较大损失。使用化学除草剂除草会带来环境污染，应少用。

（一）农业防治措施

（1）堵截农田杂草的侵染途径。及时清除田间、道路、防护林周围的杂草；在播种前将与大豆种子混在一起的杂草种子进行认真清除；施用有机肥要经过腐熟，严格禁止生粪下地。

（2）合理轮作。合理的轮作可以改变农田杂草的生态环境，有利于抑制杂草为害，避免伴生性杂草蔓延，大豆田宜采用小麦、玉米轮作。

（3）土壤耕作。不同的耕作措施都会改变杂草种子在耕层的分布，导致杂草萌发和生长的差异，通过耕作能不同程度地消灭杂草的幼芽和植株，达到不同的防治效果。

（二）药物防治措施

1. 大豆除草剂应用的原则

高效、安全、经济是大豆田除草剂应用的原则，理想的大豆除草剂药效要高，对大豆和后作无明显药害，对人、畜安全，不污染环境。使用大豆除草剂时，应根据杂草的发生情况制定相应的策略，因地制宜，适时、适地适量施用，严格遵守操作规程，坚持标准化作业，充分发挥除草效果，并且防止药害的发生。

（1）土壤处理为主，茎叶处理为辅。同茎叶处理相比，土壤处理药效稳定，成本低，药害轻，综合效益好。

（2）抓住大豆除草的关键期。土壤处理的关键期应在杂草萌发之前，茎叶处理施药的关键期是大豆的播种后 5~6 周，即大豆田杂草由营养生长向生殖生长的过渡期，如果除草剂施用过迟，将错过最佳防除时期，造成减产。

（3）混合使用除草剂。大豆田杂草多为禾本科与阔叶草混合发生，用除草剂进行土壤处理或茎叶处理时，应将防除禾本科杂草的除草剂与防除阔叶杂草的除草剂混用，除草剂混用可扩大杀草谱，降低药量，避免杂草产生抗药性，增加安全性，尤其对持效期较长的农药，混用可有效避免对后茬作物产生药害。一定要现用现配。

（4）以草定药定量。豆田杂草的种类在不同地区、不同地块有较大差异。生产上使用的除草剂多种多样，杀草谱也各不同，同一除草剂对不同杂草的剂量也有高低之分，应根据大豆田杂草的群落组成及演替规律选择除草剂的种类及剂量。

（5）坚持标准化作业，安全使用除草剂。选择除草剂品种时要确保对大豆和后茬作物基本无害，对人、畜安全，不污染环境，喷洒时应考虑周围其他作物，田间喷施大豆除草剂时要搅拌均匀，喷洒均匀，不可重喷和漏喷。

（6）合理使用长效除草剂。赛克、广灭灵、普施特、豆磺隆等长效除草剂可在土壤中长期残留，会对下茬敏感作物造成为害，此类除草剂要谨慎使用、限量使用，并做好记录。

2. 大豆田杂草化学防治

造墒按时播种或雨后抢时播种的地块，播后出苗前用 72%都尔乳油每亩 150 毫升或 50%乙草胺乳油 120 毫升作土壤封闭处理。大豆出苗后根据杂草的类型采用不同药剂处理。以禾本科杂草为主的地块，在杂草 3~5 叶期用 10.8%高效盖草能乳油每亩 30 毫升或 15%精稳杀得乳油每亩 50 毫升作茎叶处理。以双子叶杂草为主的地块，在大豆第 1 片复叶展开后，双子叶杂草 2~4 叶期用 25%虎威水剂每亩 60 毫升作茎叶处理。单双子叶混生的地块可选用 25%虎威每亩 50 毫升加 10.8%高效盖草能每亩 30 毫升，或加 15%精稳杀得每亩 50 毫升在大豆苗后杂草 2~5 叶期作茎叶处理。

3. 难治杂草的化学防治

（1）菟丝子。草甘膦低用量能有效防治出苗后的大豆菟丝子，且对大豆安全。通常用 10%草甘膦水剂 400~500 倍液，于菟丝子缠绕豆株并开始转株为害时喷药，用药后 30 天防治效果可达 91.7%~100%，喷药时要避开大豆生长点，务使药液接触菟丝子。

（2）苍耳。特效药为排草丹、克莠灵，无论苍耳大小，喷施均有效。每亩可用48%排草丹（灭草松）100～130毫升或44%克莠灵100毫升。为达到稳定的除草效果可采用混合方法，即每亩用48%广灭灵40～50毫升加48%排草丹65毫升。

第七章 油菜病虫草害统防统治

第一节 病 害

一、油菜白锈病

（一）为害症状

此病害全国各油菜产区都有发生。以云南、贵州等高原地区和长江下游的省市发病较重。油菜从苗期到成株期都可发生，为害叶片、茎、花、荚。叶片发病，先在叶面出现淡绿色小点，后变黄绿色，在同处背面长出白色隆起的疱斑，一般直径为 1~2 毫米，有时叶面也长疱斑，发生严重时密布全叶，后期疱斑破裂，散出白粉。茎和花梗受害，显著肿大，也长白色疱斑，种荚受害肿大畸形，不能结实。叶片表面生淡绿色小病斑，叶背面病斑处长出白色疱状斑，即病原菌的孢子堆。后期疱斑表皮破裂散出白色粉状的孢子囊。茎和花序上也可生白色疱斑，并肿大弯曲呈畸形。除为害油菜外，还为害其他十字花科蔬菜。

本病由白锈菌真菌侵染所引起。流行年份发病率达 10%~50%，减产 5%~20%，含油量降低 1.05%~3.29%。病原菌以卵孢子在病株残体上、土壤中和种子上越夏、越冬。秋播油菜苗期卵孢子萌发产生游动孢子，借雨水溅至叶上，在水滴中萌发从气孔侵入，引起初次侵染。病斑上产生孢子囊，又随雨水传播进行再侵染。冬季以菌丝或卵孢子在寄主组织内越冬。白锈病是一种低温病害，只要水分充足，就能不断发生，连续为害。品种间抗病性有差异。

（二）防治方法

药剂防治一般在苗期和抽薹期各喷 1~2 次药，在多雨年份，尚需适当增加喷药次数，常用药剂有 5%二硝散可湿性粉剂 200 倍液、65%代森锌可湿性粉剂 500 倍液、50%福美双可湿性粉剂 800 倍液。

二、油菜霜霉病

（一）为害症状

油菜霜霉病是我国各油菜产区重要病害，长江流域、东南沿海受害重。春油菜区发病少且轻。油菜幼菜受害，子叶和真叶背面出现淡黄色病斑，严重时苗叶和茎变黄枯死。该病主要为害叶、茎和角果，致受害处变黄，长有白色霉状物。花梗染病顶部肿大弯曲，花瓣肥厚变绿，不结实，上生白色霜霉状物。叶片染病初现浅绿色小斑点，后扩展为多角形的黄色斑块，叶背面长出白霉。

本病由寄生霜霉真菌芸薹属专化型侵染所致。病菌孢子囊萌发的温度为 3~25℃，16℃有利于病菌侵入，24℃有利于病菌生长发育。病菌孢子囊形成和侵入需要有水滴与露水。棚室内冬季密闭性较强，昼夜温差大、湿度高，因此结露时间越长，对发病越有利，连阴雨天气或浇水后不及时放风，栽植过密或偏施氮肥，均会加重病情。

（二）防治方法

（1）农业措施。与禾本科作物轮作 1~2 年，或水旱轮作；选用抗病品种；增施磷、钾肥，清沟排水，适时晚播，花期摘除中下部黄病叶，减少病源，有利于通风透光。

（2）药剂防治。初花期病株率在 10%以上时，用 72%杜邦克露可湿性粉剂 800 倍液或 1∶1∶200 波尔多液或 50%硫菌灵可湿性粉剂 1 000~1 500 倍液或 25%瑞毒霉可湿性粉剂 300~600 倍液喷雾防治。

三、菌核病

（一）为害症状

全国各油菜产区都有发生，南方冬油菜区和东北春油菜区发生较为普遍。除为害油菜外，还为害十字花科蔬菜、烟草、向日葵和多种豆科植物。油菜各生育期及地上部各器官组织均能感病，但以开花结果期发病最多，茎部受害最重。苗期病斑多发生在地面根颈相接处，形成红褐色病斑，后变枯白色，组织湿腐，上生白色菌丝，后形成不规则形黑色菌核，幼苗死亡。成株期先在下部叶片发病，病斑圆形或不规则形，暗青色水渍状，中部黄褐色或灰褐色，有同心轮纹。茎上病斑长椭圆形、梭形、长条形，稍凹陷，浅褐色水渍状，后变白色。湿度大时病部软腐，表面也生白霉层，后生黑色菌核。后期茎表皮破裂，髓部中空，内生许多黑色鼠粪状菌核。花受害后，花瓣褪色。角果感病产生不规则形白色病斑，内外部都能形成菌核，但较茎内菌核小。

本病由核盘菌真菌侵染所引起。一般发病率为 $10\% \sim 30\%$，严重者可达 80% 以上，减产 $10\% \sim 70\%$，粗脂肪含量降低 $1\% \sim 5\%$。病原菌以菌核在土壤、病株残体、种子中间越夏（冬油菜区）、越冬（春油菜区）。菌核萌发产生菌丝或子囊盘和子囊孢子，菌丝直接侵染幼苗。子囊孢子随气流传播，侵染花瓣和老叶，染病花瓣落到下部叶片上，引起叶片发病。病叶腐烂搭附在茎上，或菌丝经叶柄传至茎部引起茎部发病。在各发病部位又形成菌核。菌核经越夏、越冬后，在温度 15℃ 条件下萌发，形成子囊盘、子囊和子囊孢子。子囊孢子侵入寄主最适温度为 20℃ 左右。开花期和角果发育期降水量多、阴雨连绵、相对湿度在 80% 以上有利于病害的发生和流行；偏施氮肥、地势低洼、排水不良、植株过密发病都较严重；芥菜型、甘蓝型油菜比白菜型油菜抗病。

（二）防治方法

（1）农业措施。选用抗病品种；水旱轮作或与大、小麦轮作；清除病残体，秋季深耕，春季中耕培土，摘除下部老黄叶，并带出田间；多施钾肥或草木灰，开沟排水。

（2）药剂防治。花期用 40%菌核净可湿性粉剂 1 000~1 500 倍液或 50%腐霉利可湿性粉剂 2 000 倍液或 50%多菌灵可湿性粉剂 500 倍液或 70%甲基硫菌灵可湿性粉剂 500~1 500 倍液等药剂，喷雾防治 1~2 次。

四、油菜黑斑病

（一）为害症状

各油菜产区都有发生，以长江流域和华南地区发生较多。本病由芸薹生链格孢菌和萝卜链格孢菌等真菌侵染所引起。除为害油菜外，还为害甘蓝、白菜、萝卜等十字花科蔬菜。油菜生长后期发生较多。叶上病斑黑褐色，有明显同心轮纹，外围有黄白色晕圈，潮湿时病斑上产生黑色霉层，即病原菌分生孢子梗和分生孢子。叶柄、茎和角果上病斑椭圆形或长条形，黑褐色。病果中种子不发育，角内可生菌丝体。

病原菌以菌丝或分生孢子在病株残体上或种子内外越夏或越冬。带菌种子萌芽后，病菌侵染幼苗，越冬分生孢子或新生分生孢子，随气流传播进行再侵染。高温高湿有利于发病，特别在角果发育期多雨，极有利于孢子传播与侵染。

（二）防治方法

（1）种子处理。选用无病种子，并用种子重量 0.4%的 50%福美双可湿性粉剂拌种，或用 50℃温汤浸种 20~30 分钟，或用 40%福尔马林 100 倍液浸种 25 分钟。

（2）喷雾防治。发病初期用 65%代森锌可湿性粉剂 500~600 倍液或 50%多菌灵可湿性粉剂 500 倍液或 75%百菌清可湿性粉剂

600 倍液喷雾防治。

五、猝倒病

（一）为害症状

油菜出苗后，在茎基部近地面处产生水渍状斑，后缢缩折倒，湿度大时病部或土壤表层生有白色棉絮状物，即病菌菌丝、孢囊梗和孢子囊。

病菌以卵孢子在 12~18 厘米表土层越冬，并在土中长期存活。翌春，遇有适宜条件萌发产生孢子囊，以游动孢子或直接长出芽管侵入寄主。此外，在土中营腐生生活的菌丝也可产生孢子囊，以游动孢子侵染幼苗引起猝倒。田间的再侵染主要靠病苗上产出孢子囊及游动孢子，借灌溉水或雨水溅附到贴近地面的根颈上引致更严重的损失。病菌侵入后，在皮层薄壁细胞中扩展，菌丝蔓延于细胞间或细胞内，后在病组织内形成卵孢子越冬。病菌生长适宜温度 15~16℃，适宜发病地温 10℃，温度高于 30℃ 受到抑制，低温对寄主生长不利，但病菌尚能活动，尤其是育苗期出现低温、高湿条件，利于发病。当幼苗子叶养分基本用完，新根尚未扎实之前是感病期，这时真叶未抽出，碳水化合物不能迅速增加，抗病力弱，遇有雨、雪等连阴天或寒流侵袭，地温低，光合作用弱，幼苗呼吸作用增强，消耗加大，致幼茎细胞伸长，细胞壁变薄，病菌乘机侵入，因此，该病主要在幼苗长出 1~2 片叶之前发生。

（二）防治方法

（1）选用耐低温、抗寒性强的品种，如蓉油 3 号等。

（2）可用种子质量 0.2% 的 40% 拌种双粉剂拌种或土壤处理。必要时可喷洒 25% 瑞毒霉可湿性粉剂 800 倍液或 3.2% 恶甲水剂 300 倍液、95% 噁霉灵精品 4 000 倍液、72% 霜霉威水剂 400 倍液，每平方米喷兑好的药液 2~3 升。

（3）合理密植，及时排水、排渍，降低田间湿度，防止湿气滞留。

六、根肿病

（一）为害症状

主要为害根部，病株主根或侧根肿大、畸形，后期颜色变褐，表面粗糙，腐朽发臭，根毛很少，植株萎蔫，黄叶，严重时全株死亡。

病原菌随病根腐烂后散入土中或存于病残体内越夏越冬，通过耕作、土壤、风雨等传播，酸性土壤（pH 值 5.4~6.5）适于发病，pH 值 7.2 以上一般不发病。土壤含水量 20%~40% 加重发病，含水量低于 18% 病菌受抑制或死亡，发病适温 19~25℃。

（二）防治方法

（1）选无病田育苗，拔除病株后病穴撒石灰消毒，或用 75% 五氯硝基苯 700 倍液灌根，每次 0.3~0.5 千克。

（2）每公顷撒施消石灰 1 125 千克左右。

（3）清沟排水，降低土壤湿度。

（4）选用抗病品种。

（5）选用白菌清、敌菌丹、苯菌灵、代森锌、胶体硫等药剂防治。

七、油菜黑胫病

（一）为害症状

油菜黑胫病分布于浙江、安徽、湖北、湖南、四川及内蒙古等地，严重为害时产量损失 20%~60%，除油菜外，还为害其他十字花科蔬菜。油菜各生育期均可感病。病部主要是灰色枯斑，斑内散生许多黑色小点。子叶、幼茎上病斑形状不规则，稍凹陷，直径 2~3 毫米。幼茎病斑向下蔓延至茎基及根系，引起须根腐朽，根颈易折断。成株期叶上病斑圆形或不规则形，稍凹陷，中部灰白色。茎、根上病斑初呈灰白色，长椭圆形，逐渐枯朽，上生黑色小点，植株易折断死亡。角果上病斑多从角尖开始，与茎上病斑相似。

病原菌为茎点霉。病菌以子囊壳和菌丝的形式在病残株中越夏和越冬，子囊壳在10~20℃、高湿条件下放出子囊孢子，通过气流传播，成为初侵染源。潜伏在种子皮内的菌丝可随种子萌发直接蔓延，侵染子叶和幼茎。植株感病后，病斑上产生的分生孢子器放出分生孢子，借风雨传播，进行侵染。发病后，病部产生新的分生孢子可传播蔓延再侵染为害。病菌喜高温、高湿条件。发病适温24~25℃，此病害潜育期仅5~6天即可发病。育苗期灌水多湿度大，病害尤重。此外，管理不良，苗期光照不足，播种密度过大，地面过湿，均易诱发此病害发生。

（二）防治方法

（1）床土消毒作新床育苗。沿用旧床要土壤消毒，可每公顷用敌磺钠原粉50千克或甲基硫菌灵可湿性粉剂5克或50%福美双可湿性粉剂10克，与10~15千克干细土拌成药土，播种时垫底和盖土。

（2）种子消毒采用无病种子。必要时要种子消毒，可用50℃温水浸种20分钟，或用种子质量0.4%的50%福美双可湿性粉剂，或用种子质量0.2%的50%硫菌灵可湿性粉剂拌种。

（3）农业措施。重病地与非十字花科蔬菜及芹菜进行3年以上轮作。高畦覆地膜栽培，施用腐熟粪肥，精细定植，尽量减少伤根。避免大水漫灌，注意雨后排水。保护地加强放风排湿。定植时严格剔除病苗，及时发现并拔除病苗，收获后彻底清除病残体，并深翻土壤。

（4）药剂防治。发病初期，可用75%百菌清可湿性粉剂600倍液或60%多福可湿性粉剂600倍液或40%多硫悬浮剂500倍液或50%代森铵水剂1 000倍液或70%甲基硫菌灵可湿性粉剂800倍液或80%新万生可湿性粉剂500倍液等药剂喷雾防治。

八、软腐病

(一) 为害症状

油菜软腐病又名根腐病，以冬油菜区发病较重，油菜感病后茎基部产生不规则水渍状病斑，以后茎内部腐烂成空洞，溢出恶臭黏液，病株易倒伏，叶片萎蔫，籽粒不饱满，重病株多在抽薹后或苗期死亡。

病原菌主要在病株残体内繁殖、越夏越冬，由雨水、灌溉水、昆虫传播，从伤口侵入。高温、高湿有利于发病，连续阴雨有利于病菌传播和侵入。

(二) 防治方法

（1）与禾本科作物实行 2~3 年轮作。

（2）适当晚播。

（3）防治传病昆虫。

（4）发病初期用敌磺钠 500~800 倍液喷雾。

九、油菜黑腐病

(一) 为害症状

河北、河南、陕西、浙江、江西、湖北、广东等省都有发生。本病由野油菜黄单胞杆菌细菌侵染所致，发病率为 3.5%~72%，对产量影响很大。除为害油菜外，还为害白菜、甘蓝、萝卜等十字花科蔬菜。叶片发病后，病斑黄色，自叶缘向内发展，呈"Y"形，角尖向内，病斑常扩展致叶片干枯。茎、枝和花序与病斑水渍状，由暗绿色变黑褐色，在病斑上出现金黄色菌脓。

病原细菌在病株残体上或种子上越夏、越冬。通过雨水、流水和昆虫等传播，自寄主水孔或伤口侵入，在维管束内繁殖扩展蔓延，阻塞导管，水分运输受阻，引起植株萎蔫干腐。高温、高湿有利于发病。

（二）防治方法

（1）种子处理。选用无病田或无病株留种，并用 0.5% 代森铵液浸种 15 分钟，然后用清水冲洗，晾干后播种。

（2）农业措施。与禾谷类作物轮作；清沟排水，降低田间湿度。

十、病毒病

（一）为害症状

病毒病是油菜栽培中发生普遍且为害严重的一种病害，一般发病率为 10%~30%，严重的高达 70% 以上，致使油菜减产，品质降低，含油量降低。不同类型油菜表现不同的症状。甘蓝型油菜叶片症状以枯斑型为主，也有黄斑型和花叶型。枯斑和黄斑多呈现在老龄叶片上，并逐渐向新叶扩展。前者为油渍透明小点，继而扩展成 1~3 毫米枯斑，中心有一黑色枯点。后者为 2~5 毫米淡黄色或橙黄色、圆形或不规则形的斑块，与健全组织分界明显。花叶型油菜症状与白菜型油菜相似，支脉表现明脉，叶片成为黄绿相间的花叶，有时出现疮斑，叶片皱缩。茎秆有明显的黑褐色条斑、轮纹斑和点状斑，植株矮化、畸形，茎薹短缩，花果丛集，角果短小扭曲，有时似鸡脚爪状。角果上有细小的黑褐色斑点，重者整株枯死。

白菜型油菜症状多发生在嫩叶上，心叶首先是叶脉呈半透明状，由叶片基部向尖端发展，支脉和细脉明脉显著，继而从明脉附近逐渐褪绿，使叶色深浅不一，形成花叶症状，以后生出的新叶，花叶现象更为明显，且叶片皱缩不平，致使心叶卷缩，发育受阻，抗寒力减弱，严重者往往在越冬期间死亡。发病轻者可以越冬，但株型矮化，茎薹短缩、弯曲，不能开花，或虽能开花结果，但角果密集、畸形，籽粒少且不充实，含油量降低，在正常成熟前已提前枯死。

油菜病毒病是由多种病毒侵染所致，其中以芜菁花叶病毒为主，其次是黄瓜花叶病毒和烟草花叶病毒。病毒病不能经种子和土壤传染，但可由蚜虫和汁液摩擦传染。在田间自然条件下，桃蚜、萝卜蚜和甘蓝蚜是主要的传毒介体，蚜虫在病株上短时间取食后就具有传毒能力。芜菁花叶病毒是非持久性病毒，蚜虫传染力的获得和消失都很快。田间的有效传毒主要是依靠有翅蚜的迁飞来实现。在周年栽培十字花科蔬菜的地区，病毒病的毒源丰富，病毒也就能不断地从病株传到健株引起发病。病毒病的发生与气候关系密切，油菜苗期如遇高温干旱天气，影响油菜的正常生长，降低抗病能力，同时有利于蚜虫的大量发生和活动，引起病毒病的发生和流行；反之，则不利于其发生。

（二）防治方法

（1）选用抗病品种。一般甘蓝型油菜比芥菜型、白菜型抗病性强，而且产量高。因此，要尽可能推广种植甘蓝型油菜，并选用适应当地生产的抗性较强的品种。

（2）适时播种。要根据当地的气候、油菜品种的特性和蚜虫的发生情况来确定播种期，既要避开蚜虫的迁飞盛期，又要防止迟播减产。甘蓝型油菜一般以 9 月中下旬播种为宜。

（3）加强苗期管理。油菜苗期（包括苗床）要勤施肥，不要偏施氮肥；并及时间苗，除去病苗；遇旱及时灌水，促使油菜苗生长健壮，增强抗病能力。

（4）治蚜防病。彻底治蚜是防治油菜病毒病的关键。播种前应对苗床周围的十字花科蔬菜及杂草上的蚜虫进行防治，以减少病毒来源；苗床或直播油菜分苗后，如遇天气干旱就要开始喷药治蚜，以后每隔 7 天左右喷药 1 次，连喷 2~3 次，一般每公顷用 10% 大功臣可湿性粉剂 150~225 克兑水 600 千克喷雾防治。

第二节 虫 害

一、甘蓝蚜

（一）为害症状

甘蓝蚜的无翅胎生雌蚜体长 2.5 毫米，暗绿色，有白粉覆盖，腹背面各节有断续横带。腹管黑色短而粗，中部显著膨大。有翅胎生雌蚜体长约 2 毫米，具翅 2 对、足 3 对、触角 1 对，浅黄绿色，被蜡粉，背面有几条暗绿横纹，两侧各具 5 个黑点，腹管短黑，尾片圆锥形，两侧各有毛 2 根。

甘蓝蚜以卵在十字花科蔬菜上越冬，越冬卵翌年 4 月开始孵化，5—9 月在十字花科蔬菜上为害，秋初则转害油菜，在春季和秋末盛发。

从北到南一年发生 10~40 代。在华北地区，萝卜蚜以卵在贮藏的蔬菜上越冬，桃蚜以卵在桃枝上越冬，甘蓝蚜的习性与萝卜蚜基本相似。秋季油菜播种时正是萝卜蚜和桃蚜迁移扩散盛期。一般是萝卜蚜先迁入，桃蚜后迁入，萝卜蚜发生量多于桃蚜，秋季多雨时桃蚜可超过萝卜蚜。冬季萝卜蚜群集在油菜的心叶中，桃蚜则分散在近地面的油菜叶背面。翌年春季油菜抽薹后这两种蚜虫聚集在主枝的花蕾内为害，以后分散到各分枝的花梗和菜荚上为害，春末夏初数量剧增，入夏减少，秋季密度又上升。干旱年份发生重，早播油菜受害重；瓢虫、食蚜蝇、草蛉和蚜茧蜂等天敌对蚜虫有较大控制作用。

（二）防治方法

（1）农业措施。选种抗虫优良品种；在秋季蚜虫迁飞之前，清除田间杂草和残株落叶，以减少虫口基数。

（2）药剂防治。油菜苗期有蚜株率达 10%，或抽薹期有蚜蕾率达10%时，用50%抗蚜威2 000~3 000倍液喷雾，既能有效消灭蚜虫，又不伤害天敌。也可用80%敌敌畏1 500倍液或5%高效氯氰菊酯2 000倍液均匀喷雾。

（3）生物防治。利用瓢虫、草蛉、食蚜蝇、蚜茧蜂等天敌灭杀或抑制油菜蚜虫大流行。

二、菜蛾

（一）为害症状

属鳞翅目，菜蛾科。别名：小菜蛾、方块蛾、小青虫、两头尖。分布在全国各地。幼虫长约10毫米，黄绿色，有足多对，具体毛，前背部有排列成两个"U"形的褐色小点。成虫为灰褐色小蛾，具翅2对、触须1对，触须细长，呈外"八"字着生，翅展12~15毫米，体色灰黑色，头和前背部灰白色，前翅前半部灰褐色，具黑色波状纹，翅的后面部分灰白色，当静止时翅在身上叠成屋脊状，灰白色部分合成3个连续的菱形斑纹。卵扁平，椭圆状，约0.5毫米×0.3毫米，黄绿色。

初卵幼虫钻食叶肉；2龄幼虫啃食下表皮和叶肉，仅留上表皮，形成许多透明斑点；三四龄幼虫食叶成孔洞或缺刻，严重时可将叶片吃光，仅留主脉，形成网状。以成虫在残株、落叶、草丛中越冬，以3—6月、8—11月两度盛发，尤以秋季虫口密度大，为害重。成虫19—23时活动最盛，有趋光习性。卵产于叶背主脉两侧或叶柄上，孵化后幼虫先潜食叶片，后啃食叶肉，幼虫有背光性，多群集在心叶、叶背、脚叶上为害。对温度适应力强，发育的最适温为20~30℃，主要在春末夏初（4—6月）和秋季（8—11月）为害严重，秋季重于春季。

（二）防治方法

（1）清洁田园。蔬菜收割后，或在早春虫子活动前，彻底清除菜地残株、枯叶，可以消除大量虫口。

（2）诱杀成虫。用黑光灯诱杀成虫或用性引诱剂诱杀成虫。可在傍晚于田间安置盛水的盆或碗，在距水面约 11 厘米处置一装有刚羽化雌蛾的笼子，进行诱杀成虫。或利用性引诱剂诱杀成虫，每亩用诱芯 7 个，把塑料膜（33 厘米×33 厘米）4 个角捆在支架上盛水，诱芯用铁丝固定在支架上弯向水面，距水面 1~2 厘米，塑料膜距油菜 10~20 厘米，诱芯每 30 天换 1 个。

（3）药剂防治。在卵盛孵期或 2 龄幼虫期用 90% 敌百虫晶体 1 000 倍液，8010、8401、青虫菌 6 号或杀螟杆菌（每克含孢子 100 亿以上）500~800 倍液或 5% 氟虫脲乳油进行常规喷雾。或用 2.5% 敌杀死乳油每公顷用 300~450 毫升，兑水后进行低容量喷雾，或用定虫隆（IKI-7899）、氟虫腈、AC303630 等新杀虫剂。

（4）生物防治。利用寄生蜂、菜蛾绒茧蜂等天敌控制菜蛾的发生。

三、油菜潜叶蝇

（一）为害症状

各油菜产区都有发生，但西藏地区未发现。油菜潜叶蝇也叫豌豆潜叶蝇，寄主范围广，食性很杂。幼虫在叶片上下表皮间潜食叶肉，形成黄白色或白色弯曲虫道，严重时虫道连通，叶肉大部分被食光，叶片枯黄早落。成虫头部黄褐色，触角黑色，共 3 节。复眼红褐色至黑褐色。胸腹部灰黑色，胸部隆起，背部有 4 对粗大背鬃，小盾片三角形。足黑色，翅半透明有紫色反光。幼虫蛆状，乳白色至黄白色。头小，口钩黑色。

油菜潜叶蝇较耐低温而不耐高温。夏季 35℃ 以上便不能成活而以蛹越夏，常在春、秋两季为害。成虫多在晴朗白天活动，吸食花蜜或茎叶汁液。夜晚及风雨日则栖息在植株或其他隐蔽处。卵散产于嫩叶叶背边缘或叶尖附近。产卵时用产卵器刺破叶片表皮，在被刺破小孔内产卵 1 粒。卵期 4~9 天，卵孵化后幼虫即潜入叶片组织取食叶肉，形成虫道，在虫道末端化蛹，化蛹时咬破虫道表皮与外界相通。

（二）防治方法

（1）人工防治。早春及时清除杂草，摘除底层老黄叶，减少虫源。

（2）毒糖液诱杀成虫。用甘薯、胡萝卜煮汁（或 30% 糖液），加 0.05% 敌百虫，每公顷油菜地喷 600~1 200 株，隔 3~5 天喷 1 次，共喷 4~5 次。

（3）药剂防治。在幼虫刚出现为害时，用 50% 敌敌畏乳油 800 倍液或 90% 敌百虫晶体 1 000 倍液等药剂进行喷雾防治。

四、菜粉蝶

（一）为害症状

菜粉蝶俗称菜青虫，全国各地均有分布。幼虫为害油菜等十字花科植物叶片，造成缺刻和空洞，严重时吃光全叶，仅剩叶脉。成虫体长 12~20 毫米，翅展 45~55 毫米，体灰褐色。前翅白色，近基部灰黑色，顶角有近三角形黑斑，中室外侧下方有 2 个黑圆斑。后翅白色，前缘有 2 个黑斑。卵如瓶状，初产时淡黄色。幼虫 5 龄，体青绿色，腹面淡绿色，体表密布褐色瘤状小突起，其上生细毛，背中线黄色，沿气门线有 1 列黄斑。蛹纺锤形，绿黄色或棕褐色，体背有 3 个角状突起，头部前端中央有 1 个短而直的管状突起。

一年发生 3~9 代，在河南一年发生 4~5 代。以蛹在枯叶、墙壁、树缝及其他物体上越冬。翌年 3 月中下旬出现成虫。成虫夜晚栖息在植株上，白天活动，以晴天无风的中午最活跃。成虫产卵时对含有芥子油的甘蓝型油菜有很强的趋性，卵散产于叶背面。幼龄幼虫受惊后有吐丝下垂的习性，大龄幼虫受惊后有卷曲落地的习性。4—6 月和 8—9 月为幼虫发生盛期，发育适温为 20~25℃。

（二）防治方法

（1）农业措施。清除田间残枝落叶，及时深翻耙地，减少虫源。

（2）生物防治。用 Bt 乳剂或青虫菌 6 号液剂（每克含芽孢100 亿个）500 克兑水 50 千克，于幼虫 3 龄以前均匀喷雾。

（3）化学防治。未进行生物防治的田块，可用 20%灭扫利乳油 2 500 倍液或 5%S-氯氰菊酯乳油 3 000 倍液或 2.5%灭幼脲胶悬剂 1 000 倍液，均匀喷雾。

五、菜蝽

（一）为害症状

菜蝽在全国大部分地区都有发生。主要为害油菜、白菜等十字花科作物。若虫和成虫在叶背取食为害，被害叶片产生淡绿至白色斑点，严重时萎蔫枯死。成虫体长 6~9 毫米，椭圆形，橙黄色或橙红色。前胸背板有 6 块黑斑，小盾板具橙黄色或橙红色"Y"形纹，交会处缢缩。

华北地区一年发生 2~3 代，南方可达 5~6 代。以成虫在草丛中、枯枝下或石缝间越冬。在华北地区，3 月下旬开始活动，4 月下旬开始交配产卵，5—9 月为成虫和若虫的主要为害时期，若虫 3 龄前多集中为害，以后分散。

（二）防治方法

（1）农业措施。冬耕并清洁田园，可消灭部分越冬成虫。

（2）药剂防治。在若虫 3 龄前，每公顷用 80%敌敌畏 750 毫升或 25%氧乐氰 600 毫升，兑水 750 千克均匀喷雾。

六、跳甲和猿叶甲

（一）为害症状

跳甲又称跳蚤蚤，为害油菜的主要是黄曲条跳甲。成虫、幼虫都可为害，幼苗期受害最重，常常被食成小孔，造成缺苗毁种。成虫善跳跃，高温时还能飞翔，中午前后活动最盛。油菜移栽后，成虫从附近十字花科蔬菜转移至油菜为害，以秋、春季为害最重。

猿叶甲别名黑壳甲、乌壳虫，为害油菜的主要是大猿叶甲。以成虫和幼虫食害叶片，并且有群聚为害习性，致使叶片千疮百孔。每年4—5月和9—10月为两次为害高峰期，油菜以10月左右受害重。

（二）防治方法

跳甲和猿叶甲可一并防治，重点防治跳甲兼治猿叶甲。药剂用9%灭氰乳油800～1 000倍液、10%丙溴磷乳油1 000～1 500倍液或1.8%阿维·高氯乳油1 000倍液。

七、黄曲条跳叶甲

（一）为害症状

成虫和幼虫都能为害油菜。成虫啮食叶片，造成细密小孔，严重时可将叶片吃光，使叶片枯萎、菜苗成片枯死，并可取食嫩荚，影响结实。幼虫专食地下部分，蛀害根皮，使根表皮形成许多弯曲虫道，从而造成菜苗生长发育不良，地上部分由外向内逐渐变黄，最后萎蔫而死。

（二）防治方法

（1）实行轮作，培育壮苗，减少与其他十字花科作物的连作，推广平衡施肥，实行健身栽培，培育壮苗，提高油菜苗的抗虫能力。

（2）创造不利于害虫发生的环境。在蚜虫秋季迁飞前清除杂草、残株落叶，降低虫口基数。干旱年份应避免过早播种。播种前灌水，消灭黄曲条跳叶甲成虫。苗期干旱时及时抗旱，保持土壤含水量在30%～35%，并适时施肥，促进菜苗生长健壮，适当提高小气候湿度，使之不利于蚜虫和黄曲条跳叶甲的发生与为害。

油菜生长期，结合间苗、中耕和施肥，清除田间杂草、残株和落叶，集中沤肥或烧毁，可消灭部分害虫的幼虫或蛹。

第三节　草　害

油菜田防除草害是一项系统工程，需要通过农业栽培、人工除草、化学除草等各种措施的紧密配合，采用综合治理途径才能达到安全、经济、有效控制草害的目的。

油菜田杂草防除当前多采取化学防除为主，另外，还有农作防除、综合防除等手段。

一、化学防除

油菜草害防治主要以化学防治为主，根据化学防除处理时间不同可以分为以下几方面。

（一）播前土壤处理

氟乐灵等除草剂一般用于播前土壤处理。氟乐灵对看麦娘、稗草等禾本科杂草和部分阔叶杂草（如牛繁缕、雀舌草等）有较好的防除效果。此类除草剂只对萌发的杂草幼苗有效，对已出土的幼苗防除效果较差，因此不宜在杂草出苗后使用。

（二）播后苗前土壤处理

如乙草胺等除草剂一般用于播后苗前土壤处理。乙草胺主要用于防除油菜田看麦娘、稗草等禾本科杂草，也可防除牛繁缕等部分阔叶杂草。乙草胺为芽前除草剂，对开始萌动的杂草防除效果好，对已经出土的杂草防除效果下降，因此须适期用药，防除看麦娘应在1叶之前。

（三）苗后茎叶处理

防除禾本科杂草的茎叶处理剂。这类药剂有盖草能、稳杀得、禾草克、拿捕净等除草剂，这些药剂对看麦娘等禾本科杂草都有较好的防除效果，但对阔叶杂草无效。长期单一使用此类除草剂后，禾本科杂草受到抑制，而阔叶杂草（猪殃殃、繁缕等）数量上升，为害加重，故应注意与防除阔叶杂草的除草剂搭配或交替使用，或进行中耕除草。

防除阔叶杂草的茎叶处理剂如德国先灵有限公司生产的高特克除草剂，商品为10%乳油。高特克可用于防除油菜田的雀舌草、繁缕、牛繁缕、苍耳、猪殃殃等阔叶杂草，但对稻槎菜、大巢菜的防除效果较差。

二、农作防除

（一）适时换茬、水旱轮作

合理安排作物茬口布局，实行多种形式的不同作物以及不同复种方式的轮作换茬。作物茬口、复种方式以及生态环境和耕作方式的改变均会导致杂草群落发生相应的变化，如牛繁缕等双子叶植物是油菜田中较难防除的杂草，可采取油菜和大小麦轮作换茬的方式来防除。此外，还可进行水旱轮作，使喜旱杂草种子在潮湿土壤中因生境不适而减少，从而显著降低其为害。同样，在符合条件的地区，也可将水田改为旱田，使喜湿杂草种子在干旱条件下大量死亡，减轻杂草为害。

（二）合理密植、培育壮苗

推广育苗移栽，有效减轻草害。有条件育苗移栽的地区，进行油菜合理密植并加强栽培管理，能有效增强油菜植株的抗逆力，达到以苗压草的目的。采用育苗移栽的方式，等到杂草出土后，油菜苗已长高到20厘米左右，杂草为害明显较轻。直播油菜也应合理密植、培育壮苗并加强栽培管理，以达到以苗压草、促进油菜生长的目的。另外，提倡使用高温堆肥，以杀灭杂草种子，培育油菜壮苗，有利油菜的生长发育。

（三）中耕培土、机械深耕

中耕培土能有效减轻杂草为害，尤其在冬油菜越冬期间和油菜移栽后杂草发生期，对油菜行间土壤适时进行中耕培土，加强油菜田中后期人工锄草，可大幅度减少田间杂草的生长，减轻杂草的为害。对油菜田进行 1 次深翻耕，将土壤表层的杂草种子翻入下层土壤，刻意减少杂草的出土数量。机械除草效率高、灭草快，对环境又没有污染，对土壤微生物的活动及对覆盖残余的薄膜等塑料降解都有很好的效果。

三、综合防除

（一）实行油菜—麦调茬和交替使用除草剂

即油菜、大小麦 2 ~ 3 年内调茬轮作 1 次。目前，常用的油菜田除草剂兼除单、双子叶杂草的效果有限，通常对禾本科杂草防除效果较好的除草剂对阔叶杂草防除效果较差，使用该类除草剂可有效减少下一代油菜田中的禾本科杂草种子来源；若在油菜茬后种植水稻，稻茬再种大小麦时，则稻田和麦田中的看麦娘等禾本科杂草也将大大减少。油菜茬的麦田中优势草种多为阔叶杂草，使用苯甲合剂等针对阔叶杂草防效较好的除草剂，既可有效防除麦田的阔叶杂草，又可为下茬轮作的油菜减少田间阔叶杂草的种子来源，最终形成良性循环。相关研究表明，实行油菜、水稻、麦田调茬及交替使用除草剂，可以显著减少主要草种，且对顽固型杂草有较好的控制作用。上述方法可有效防除油菜田看麦娘和猪殃殃总草量的 80% ~ 90%，同时又可调剂地力，改良土壤，促进各茬作物的全面增产。

（二）草情监测，及时进行杂草防治

草情的监测是制定杂草防除的一个有效方法，它是选择除草剂种类及喷施时期、剂量等除草方案的基础。对于草害较轻的油菜田可用敌草胺、乙草胺、氟乐灵、杀草丹等除草剂作播前或播后苗前土壤处理；对草害较重的地块，则宜采用除草剂茎叶喷施的处理办法，以看麦娘为主而猪殃殃较少的地块应使用盖草能、精稳杀得、精禾草克等除草剂，在看麦娘与猪殃殃并重的地块宜用盖草能与高特克混剂除草剂，防除效果较好。此外，还要注意草龄的控制，草龄过大或过小都会影响防效，如禾本科杂草 3～5 叶防效较好，阔叶杂草在 2～3 叶用药则防效较好。

（三）结合施肥等田间管理，人工铲除残余杂草

冬油菜在进入越冬期间，一般都要进行施肥（腊肥）和中耕培土壅根等作业，可结合这些农业措施对油菜田越冬期间的残余杂草进行人工铲除，具有较好的防除效果。同时，越冬前及越冬期间油菜田间杂草防除较好的田块，开春后由于油菜生长迅速，能有效起到以苗压草的目的，抑制田间杂草的生长，有利于油菜获得高产。

第八章　谷子病虫草害统防统治

第一节　病　害

一、谷子白发病

谷子白发病别名灰背、枪杆、看谷老、刺猬头等，是一种分布十分广泛的病害，在我国华北、西北、东北等地发生严重。为害程度逐渐加重，已成为谷子生产上的主要病害，对谷子的产量和品质影响很大。

（一）发病症状

白发病是系统侵染病害，谷子从萌芽到抽穗后，在各生育阶段，陆续表现出多种不同症状。

1. 烂芽

幼芽出土前被侵染，扭转弯曲，变褐腐烂，不能出土而死亡，造成田间缺苗断垄。烂芽多在菌量大、环境条件特别有利于病菌侵染时发生，少见。

2. 灰背

从 2 叶期到抽穗前，病株叶片变黄绿色，略肥厚和卷曲，叶片正面产生与叶脉平行的黄白色条状斑纹，叶背在空气潮湿时密生灰白色霉层，为病原菌的孢囊梗和游动孢子囊。这一症状被称为"灰背"。苗期白发病的鉴别，以有无"灰背"为主要依据。

3. 白尖、枪杆、白发

株高 60 厘米左右时，病株上部 2~3 片叶不能展开，卷筒直立向上，叶片前端变为黄白色，称为"白尖"。7~10 天后，白尖变褐，枯干，直立于田间，形成"枪杆"。以后心叶薄壁组织解体纵裂，散出大量褐色粉末状物，即病原菌的卵孢子。残留黄白色丝状物（维管束），卷曲如头发，称为"白发"，病株不能抽穗。

4. 看谷老

有些病株能够抽穗，但穗子短缩肥肿，全部或局部畸形，颖片伸长变形成小叶状，有的卷曲成角状或尖针状，向外伸张，呈刺猬状，称为"看谷老"。病穗变褐干枯，组织破裂，也散出黄褐色粉末状物。

5. 局部病斑

苗期病叶"灰背"上产生的病原菌游动孢子囊，随气流传播到健株叶片上，局部侵染形成叶斑。叶斑为不规则形或长圆形，初为淡绿色至淡黄色，后变为黄褐色或紫褐色，病斑背面密生灰白色霉层。老熟叶片被侵染后，形成褐色小圆斑，霉层不明显。

产生灰背的病苗后期多形成"白尖""白发"或"看谷老"，但也有的后来症状消失而正常抽穗。也有的病苗前期不出现"灰背"，后期却变为"白尖""白发"或"看谷老"。

（二）防治方法

采用合理轮作、药剂拌种和种植抗病品种等综合措施进行防治。

1. 种植抗病品种

谷子白发病菌有不同生理小种，在抗病育种和种植抗病品种时应予注意。

2. 农业防治

轻病田块实行两年轮作，重病田块实行 3 年以上轮作，适于轮作的作物有大豆、高粱、玉米、小麦和薯类等。施用净肥，不用病株残体沤肥，不用带病谷草做饲料，不用谷子脱粒后场院残余物制作堆肥。在"白尖"出现但尚未变褐破裂前拔除病株，并带到地外深埋或处理。要大面积连续拔除，直至拔净为止，并需坚持数年。

3. 药剂防治

用 25%甲霜灵可湿性粉剂或 35%甲霜灵拌种剂，以种子重量 0.2%~0.3%的药量拌种。或用甲霜灵与 50%克菌丹，按 1:1 的配比混用，以种子重量 0.5%的药量拌种，可兼治黑穗病。用甲霜灵拌种可采用干拌、湿拌或药泥拌种等方法，湿拌和药泥拌种效果更好。

二、谷瘟病

近几年随着杂交谷子的推广，谷瘟病已成为为害谷子生产的主要病害，一般地块减产 20%~30%，严重地块减产 50%~80%。

（一）发病症状

谷子各生育阶段都可发病，以叶瘟、节瘟和穗颈瘟为害最重。

叶瘟多在 7 月上旬开始发生，叶片上产生梭形、椭圆形病斑，一般长 1~5 毫米，宽 1~3 毫米，在高感品种上可形成长 1 厘米左右的条斑。感病品种典型病斑中部灰白色，边缘紫褐色，病斑两端伸出紫褐色坏死线。高湿时，病斑表面有灰色霉状物。严重发生时，病斑密集，互相汇合，叶片枯死。节瘟多在抽穗后发生，茎秆节部生褐色凹陷病斑，逐渐干缩，穗不抽出或抽穗后干枯变色。病穗秆易倾斜倒伏。穗颈和小穗梗发病，产生褐色病斑，扩大后可环绕一周，使之枯死，致使小穗枯白，严重时全穗或半穗枯死，病穗灰白色、青灰色，不结实或籽粒干瘪。

谷子品种间抗病性有明显差异，抗病品种叶片无病斑或仅生针头大小的褐色斑点。中度抗病品种生椭圆形小病斑，边缘褐色，中间灰白色，病斑宽度不超过两条叶脉。感病品种生梭形大斑，边缘褐色，中间灰白色，宽度超过两条叶脉。

（二）防治方法

1. 种植抗病品种

谷子品种间抗病性差异明显，有较多抗病种质资源和抗病品种，可根据本地病菌生理小种区系，合理鉴选使用。种子田应保持无病，繁育和使用不带菌种子。

2. 加强栽培管理

病田实行轮作，收获后及时清除病残体，减少越冬菌源。合理调整种植密度，防止田间过度郁闭，合理排灌，降低田间湿度，减少结露。合理施肥，防止植株贪青徒长，增强抗病能力。

3. 药剂防治

有效药剂有 2%春雷霉素可湿性粉剂 500~600 倍液或 75%三环唑乳油 1 500~2 000 倍液或 65%代森锰锌可湿性粉剂 500 倍液喷雾，一般喷施两次，间隔期 5~7 天。为防治穗颈瘟，在抽穗前最好针对穗部再防治 1 次。在药液中可加入 0.2%磷酸二氢钾和 1%尿素，用来补充营养，提高产量。防治叶瘟在始发期喷药，防治穗颈瘟可在始穗期和齐穗期各喷药 1 次。

三、谷子纹枯病

近年来，随着谷子中低秆、密植型新品种的培育和推广以及肥水条件的改善，谷子田间小气候的湿度增加，使纹枯病的发生日趋严重，成为目前谷子生产的主要障碍之一。

（一）发病症状

主要为害谷子叶鞘和茎秆，也侵染叶片和穗部。

病株叶鞘上生椭圆形病斑，中部枯死，呈灰白色至黄褐色，边缘较宽，深褐色至紫褐色，病斑汇合成云纹状斑块，淡褐色与

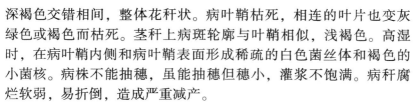

深褐色交错相间，整体花秆状。病叶鞘枯死，相连的叶片也变灰绿色或褐色而枯死。茎秆上病斑轮廓与叶鞘相似，浅褐色。高湿时，在病叶鞘内侧和病叶鞘表面形成稀疏的白色菌丝体和褐色的小菌核。病株不能抽穗，虽能抽穗但穗小，灌浆不饱满。病秆腐烂软弱，易折倒，造成严重减产。

在多雨高湿条件下，叶片上生形状不规则的褐色病斑，有轮纹，中部颜色较浅，可汇合成大型斑块。穗颈上也产生形状不规则、边缘不明显的褐色病斑。

（二）防治方法

1. 农业防治

一是选用抗病品种，虽然在谷子品种资源中，免疫类型很少，但品种间存在着明显的抗病性差异，可选用抗病性较强的品种；二是及时清除田间病残体，减少侵染源，主要包括根茬的清理和深翻土地；三是适期晚播，以缩短侵染和发病时间；四是合理密植，铲除杂草，改善田间通风透光条件，降低田间湿度；五是科学施肥，多施用有机肥，合理施用氮肥，增施磷、钾肥，改善土壤微生物的结构，增强植株的抵抗能力。

2. 药剂防治

一是药剂拌种，用内吸传导性杀菌剂，如用三唑醇、三唑酮进行拌种（用量为种子量的0.03%），可有效控制苗期侵染，减轻为害程度；二是田间防治，用50%可湿性纹枯灵兑水400～500倍液或5%井冈霉素600倍液，于7月下旬或8月上旬，当病株率达到5%～10%且有继续增多趋势时，在谷子茎基部彻底喷雾防治1次，1周后防治第二次，效果较好。

四、谷子胡麻斑病

（一）发病症状

病原菌侵染谷子的叶片、叶鞘和穗部，苗期与成株期皆可发病。病株叶片上生椭圆形黑褐色病斑，多数长 2~5 毫米，有的可达 9~10 毫米。病斑可相互连接，也可汇合形成较大的斑块，引起叶片枯死。在高湿条件下，病斑上产生黑色霉状物。叶鞘、穗轴、颖壳上也产生褐色的梭形、椭圆形或不规则形的病斑，病斑界限多不明显，有的相互汇合。

（二）防治方法

防治胡麻斑病应种植抗病、轻病品种，并使用无病种子。重病田在收获后应及时清除病残体，或与非寄主作物进行轮作。要加强栽培管理，增施有机肥和钾肥，适量追施氮肥，增强植株抗病能力。结合防治粒黑穗病和白发病，进行药剂拌种，减少种子带菌。病株可用 50%腐霉利可湿性粉剂、75%百菌清悬浮剂 800 倍液或 15%三唑酮悬浮剂 800 倍液防治。

五、谷子大斑病

大斑病在谷子整个生长期都可发生，但一般要到中后期以后才陆续较重发生。

（一）发病症状

该病主要为害叶片，一般从植株底部叶片逐渐向上蔓延发生，但也常有从植株中上部叶片开始发病的情况。发病初期，在叶片上产生椭圆形、黄色或青灰色水浸状小斑点。在较感病品种上，斑点沿叶脉迅速扩大，形成大小不等的黄褐色长梭状（纺锤形）病斑，一般长 2~5 厘米，宽 0.6 厘米左右（有的甚至可长达10 厘米以上，宽 1 厘米以上），发病严重时病斑常相互汇合连成更大斑块，使叶片枯死；田间湿度大时，病斑表面出现明显的灰黑色霉层，是病菌的分生孢子梗和分生孢子，这是田间常见的典型症状。

（二）防治方法

防治谷子大斑病应采取以推广抗病品种为主、栽培防病为辅的综合措施。

（1）首选是选育和播种优质的抗性品种。

（2）压低菌源，即谷子收获以后，彻底清除田内外病残组织，通过深翻土地或进行轮作，可以清除埋在土壤里的病残体组织上的大斑病菌，轮作同时可以防治谷子黑穗病等。

（3）加强田间管理，施足基肥，增施追肥，提高植株的抗病性；注意中耕除草，减少菌源；及时排灌避免土壤过旱、过湿；调整播期，适当早播可以缩短谷子中后期处于高温多雨和低温阶段的生育日数，对夏谷子避病和增产有明显的作用，合理密植，通风、通光等。

六、谷子灰斑病

（一）发病症状

主要为害叶片。病斑椭圆形至梭形，中部灰白色，边缘褐色至深红褐色。病斑背面生灰色霉层，即病菌的子实体。

（二）防治方法

实行轮作，加强田间管理。发病初期，开始选用下列药剂喷雾：40%多·硫悬浮剂 500 倍液；50%苯菌灵可湿性粉剂 1 000～1 500 倍液；70%甲基硫菌灵可湿性粉剂 600～800 倍液，间隔 7～10 天喷 1 次，防治 2～3 次。

七、谷子黑穗病

谷子黑穗病又名粟粒黑粉病，俗称"黑疸"，是谷子生产过程中常发生的一种真菌性病害，发病率一般在 3%～9%，病重的地块达到 35%，严重影响谷子产量和品质。

（一）发病症状

谷子黑穗病除病穗外，其他部分不表现明显症状，因此，抽穗前不易被识别。病穗一般不畸形，抽穗稍迟，较正常穗轻。病粒、病穗刚开始为灰绿色，以后变为灰白色，通常全穗发病或者和正常籽粒混生。病粒比正常籽粒稍大，内部充满黑褐色粉末。谷子黑穗病属系统性侵染病害，苗期侵染，抽穗后发病。

病株高度、分蘖数、色泽与健株相似，抽穗前不易识别。病穗较狭长，略短小，初灰绿色，后期变为灰白色，比健穗轻。通常全穗发病，病粒变为菌瘿，除外颖外，全遭破坏。菌瘿比正常籽粒略大，卵圆形或近圆形，包被灰白色外膜，坚韧不易破裂，内部充满黑褐色粉末状物，即病原菌的冬孢子，外膜破裂后散出。

（二）防治方法

1. 种植抗病品种

如秦谷 5 号、内谷 5 号、晋谷 25 号、冀谷 11 号、晋谷 16 号、九谷 7 号等。

2. 繁育无病种子

搞好种子繁育田的防治，由无病地留种。不使用来源于发病地区和发病田块的种子。

3. 种子药剂处理

用 25% 三唑酮可湿性粉剂，或用 15% 三唑醇干拌种剂，或用 50% 福美双可湿性粉剂等，皆以种子重量 0.2% ~ 0.3% 的药量拌种。用 2% 戊唑醇湿拌种剂 10~15 克，兑水调匀成糊状，拌谷子种子 10 千克。

八、谷子锈病

谷子锈病在各谷子产区都有发生。辽宁、吉林、内蒙古、河北部分地区较重。

（一）发病症状

主要为害部位叶片和叶鞘。

叶片两面产生多数红褐色疱斑，圆形或椭圆形，直径 1 毫米，即病原菌的夏孢子堆，成熟后突破叶表皮而外露，周围残留破裂的叶表皮。夏孢子堆破裂后散出黄色粉末状物，即夏孢子。抗病品种的夏孢子堆较小，周围寄主组织枯死或失绿，近免疫的品种仅产生微小枯死斑。生育后期在叶片上还散生灰黑色圆形或长圆形疱斑，即冬孢子堆。叶鞘上也产生夏孢子堆和冬孢子堆。

（二）防治方法

（1）防治谷子锈病应采取以抗病品种为主的综合措施。目前，已有一批抗病性较好的品种可供选用。引进的品种在大面积种植前，应进行抗病性鉴定或试种。还应加强栽培管理，适期播种，合理密植，施用氮肥不要过多、过晚，防止植株贪青晚熟；要合理排灌，低洼地雨后及时排水，降低田间湿度。

（2）感病品种在气候适宜谷子锈病流行的年份应进行药剂防治，三唑类药剂效果较好。一般选用 25% 三唑酮可湿性粉剂，每亩用药 25 克，兑水 50 升喷雾（或用 800~1 000 倍药液喷雾）；或12.5% 烯唑醇可湿性粉剂，每亩用药 60 克。可在田间发病中心形成期，即病叶率 1%~5% 时，喷第一次药，间隔 10~15 天后再喷第二次。

九、谷子叶点霉叶斑病

（一）发病症状

为害叶片。叶斑椭圆形或不规则形，大小 2~3 毫米，中部灰褐色，边缘褐色至红褐色。后期病斑上生出小黑粒点，即病菌分生孢子器。

（二）防治方法

（1）施用充分腐熟有机肥，提高寄主抗病力。

（2）发病初期喷洒 50% 甲基硫菌灵悬浮剂 800 倍液或 50% 苯菌灵可湿性粉剂 1 500 倍液。

十、谷子细菌性褐斑条纹病

(一) 发病症状

主要为害叶片，尤其是基部叶片的中下部。一般在主脉附近现水渍状细而长的条斑，后在叶脉间产生许多平行排列的短条斑或条纹。条斑沿脉向上、下两方伸长，后变为暗绿色至绿褐色或丁香色，最后呈深褐色至黑褐色。有时病部具黄绿色晕环。湿度大或潮湿条件下，叶鞘上产生褐色斑点或条纹，但没有叶片上的明显。如连续遇高温多雨天气，感病品种出现嫩叶枯萎或顶端腐烂的现象。

(二) 防治方法

加强田间管理，地势低洼多湿的田块雨后及时排水。

十一、谷子红叶病

谷子红叶病是由大麦黄矮病毒引起的一种病害，主要为害作物，如谷子、玉米、黍等，还可为害金狗尾草、青狗尾草、马唐、大画眉草、稗草、野古草、大油芒、白羊草、细柄草、旱熟禾等杂草。我国北方分布普遍。

(一) 发病症状

主要为害叶片。

谷子紫秆品种发病后，叶片、叶鞘、穗部颖壳和芒变为红色、紫红色。新叶由叶片顶端先变红，出现红色短条纹，逐渐向下方延伸，直至整个叶片变红。有时沿叶片中脉或叶缘变红，形成红色条斑。幼苗基部叶片先变红，向上位叶扩展；成株顶部叶片先变红，向下层叶片扩展。青秆品种叶片上产生黄色条纹，叶片黄化，症状发展过程与紫秆品种相同。重病株不能抽穗，或虽抽穗但不结实。

（二）防治方法

（1）选育和种植抗病、耐病品种。谷子品种间抗病性有一定差异，虽然缺乏免疫和高抗品种，但仍有抗病或耐病品种，如P14A、P354、NP-157、摩里谷、大同黄谷1号、衡研百号、柳条青、红胜利等。

（2）农业防治。在杂草刚返青出土时，及时彻底清除，以减少毒源。加强田间管理，增施氮、磷肥，合理排灌，使植株生长健壮，增强抗病能力。

（3）药剂治蚜。春季在蚜虫迁入谷田之前，喷药防治田边杂草上的蚜虫。

十二、谷子田菟丝子

菟丝子是一种寄生性草本植物，是由欧洲菟丝子和中国菟丝子寄主所引起。谷子受害后，生长发育不良，并枯死。除为害谷子外，还为害大豆等多种作物和杂草。

（一）发病症状

菟丝子的幼茎缠绕在谷子茎叶上，使谷子植株成簇盘绕在一起。谷子叶片变黄、易凋萎。

（二）防治方法

谷子苗期及时中耕，如有缠绕菟丝子谷苗及早拔除，并带出田间销毁。

第二节　虫　害

一、粟纵卷叶螟

粟纵卷叶螟又称稻纵卷叶螟，属鳞翅目螟蛾科，是一种迁飞性害虫，分布广泛，我国各稻区均有发生。在水稻区是主要害虫，还可为害谷子、麦子、玉米、甘薯等作物及稗草、马唐、狗尾草等禾本科杂草。

（一）为害症状

初孵幼虫取食心叶，出现针头状小点，随虫龄增大，吐丝缀谷子叶两边叶缘，纵卷叶片成圆筒状虫苞，幼虫藏身其内啃食叶肉，留下表皮呈白色条斑。

成虫长 7~9 毫米，淡黄褐色，前翅有 2 条褐色横线，两线间有 1 条短线，外缘有一暗色宽带；后翅有两条横线，外缘也有宽带。卵约 1 毫米，椭圆形，初产白色透明，近孵化时淡黄色。幼虫老熟时长 14~19 毫米，低龄幼虫绿色，后转黄绿色，成熟幼虫红色。蛹长 7~10 毫米，初黄色后转褐色，长圆筒形。

粟纵卷叶螟属远距离迁飞性害虫，在河南不能越冬，每年 6—7 月成虫从南方迁入。在河南一年发生 3~4 代，以第 2 代为害最重。成虫有趋光性，栖息趋荫蔽性和产卵趋嫩性，适温高湿产卵量大，卵多单产，也有 2~5 粒产于一起。初孵幼虫多钻入心叶为害，2 龄后则在叶上结苞为害。幼虫老熟后离开虫苞在稻丛基部黄叶及无效分蘖上结茧化蛹。多雨日及多露水的高湿天气有利于粟稻纵卷叶螟猖獗发生。

（二）防治方法

（1）农业措施。选用抗虫高产良种，合理施肥，适时烤晒田，降低田间湿度，防止稻株前期猛发嫩绿，后期贪青晚熟，可减轻受害程度。

（2）药剂防治。每亩用 20%氯虫苯甲酰胺 10 毫升、6%乙基·多杀菌素 30 毫升、40%二嗪·辛硫磷 80 毫升兑水 50 千克喷雾。

二、粟灰螟

粟灰螟又名甘蔗二点螟、二点螟、谷子钻心虫等。分布于东北、华北，以及甘肃、陕西、宁夏、河南、山东、安徽、台湾、福建、广东、广西等地，北方称粟灰螟主要为害粟、玉米、高粱、黍、薏米等；南方称甘蔗二点螟，主要为害甘蔗。

（一）为害症状

幼虫蛀入茎基部取食为害，造成枯心苗，被害株遇风易折断，有时造成谷子白穗。

成虫体长 8.5~10 毫米，翅展 18~25 毫米，雄蛾体淡黄褐色，额圆形不突向前方，无单眼，下唇须浅褐色，胸部暗黄色；前翅浅黄褐色，杂有黑褐色鳞片，中室顶端及中室里各具小黑斑 1 个，有时只见 1 个，外缘生 7 个小黑点成 1 列；后翅灰白色，外缘浅褐色。雌蛾色较浅，前翅无小黑点。卵长 0.8 毫米，扁椭圆形，表面生网状纹。初白色，孵化前灰黑色。末龄幼虫体长 15~23 毫米，头红褐色或黑褐色，胴部黄白色，体背具紫褐色纵线 5 条，中线略细。蛹长 12~14 毫米，腹部 5~7 节周围有数条褐色突起，第 7 节后瘦削，末端平。初蛹乳白色，羽化前变成深褐色。

长江以北年发生 2~3 代，以老熟幼虫在谷茬内或谷草、玉米茬及玉米秆里越冬。内蒙古、东北及西北幼虫于 5 月下旬化蛹，6 月初羽化，一般 6 月中旬为成虫盛发期，随后进入产卵盛期，第 1 代幼虫 6 月中下旬为害。8 月中旬至 9 月上旬进入第 2 代幼虫为害期。华北地区和安徽淮北越冬幼虫于 4 月下旬至 5 月初气温 18℃左右时化蛹；5 月下旬成虫盛发，5 月下旬至 6 月初进入产卵盛期，5 月下旬至 6 月中旬为第 1 代幼虫为害盛期，7 月中下旬为第 2 代幼虫为害期；第 3 代产卵盛期为 7 月下旬，幼虫为害期 8 月中旬至 9 月上旬，以老熟幼虫越冬。南方一年发生 4~5 代，海南 5~6 代，世代重叠，主要为害甘蔗，具体情况参见甘蔗二点螟。成虫昼伏夜出，傍晚活动，交尾后，把卵产在谷叶背面，每雌产卵约 200 粒，卵期 2~5 天，初孵幼虫爬至茎基部从叶鞘缝隙钻孔蛀入茎里为害，完成上述过程需时 1~3 天。幼虫共 5 龄，除越冬幼虫历期较长外，一般 19~28 天。低龄幼虫喜群集，3 龄后开始分散。在茎内为害 15 天左右。4 龄后开始转株为害，每只幼虫常为害 2~3 株，老熟后化蛹在茎里。该虫发生程度取决于越冬基数和气候条件，越冬后的幼虫遇有雨量多、湿度大的气候，则有利其化蛹、羽化及产卵。如河南新乡 5 月降水量大于 40 毫米，降雨多于 8 次，可能大发生。山东聊城百茬中越冬活虫 10 头左右，5 月中旬至 6 月上旬气温 20~25℃，相对湿度 70%，降水量 25 毫米以上，第 1 代发生重。相对湿度小于 50% 则发生轻。第 2 代遇 7 月上中旬相对湿度高于 70% 则发生重。

（二）防治方法

（1）预测预报。一般可依据 5 月的降水量和降雨次数，对第 1 代粟灰螟作出发生程度的预报或估计。

（2）秋耕时，拾净谷茬、黍茬等，集中深埋或处理，谷草须在 4 月底以前铡碎或堆垛封泥，以减少越冬虫源。播种期可因地制宜调节，设法使苗期避开成虫羽化产卵盛期，可减轻受害。

（3）当谷田每 500 株谷苗有卵 1 块或千株谷苗累计有 5 个卵块时，应马上用 50% 毒死蜱乳油 100 毫升，加少量水后与 20 千克细土拌匀，顺垄撒在谷株心叶或根际。

三、粟穗螟

粟穗螟属昆虫纲鳞翅目螟蛾科，分布在华北、华东、中南、西南等地。主要为害作物粟、高粱、玉米、黍等。

（一）为害症状

以幼虫在谷子、高粱、黍的穗上吐丝结网，在网中蛀食籽粒，致受害穗籽粒空瘪，穗头颜色污黑，附有破碎籽粒和粪粒，并能随粮食进仓后继续为害。

成虫体长 7~11 毫米，翅展 21~27 毫米，体、前翅白色略带红色，前翅前缘具小黑点 5 个，中室中央及端部各生 1 个黑点；后翅白色，半透明无斑点。卵长 0.5 毫米，椭圆形，初产时乳白色，后变黄色至灰褐色。末龄幼虫体长约 20 毫米，蜡黄色，胸部、腹部背面生浅红褐色纵纹两条。蛹长 10~12 毫米，长纺锤形，尾端略尖，黄褐色，无尾刺。

华北、华东一年生 2 代，西南一年生 1~3 代，以老熟幼虫在谷子或高粱穗内、场面四周及仓库缝隙越冬。华北、华东翌年 6 月化蛹，7 月上中旬羽化，第 1 代幼虫为害盛期为 7 月上旬至 8 月上旬，第 2 代幼虫为害盛期在 8 月中旬至 9 月上旬。江苏扬州越冬成虫 7 月上旬羽化产卵，第 1 代幼虫在 7 月中下旬为害春高粱，老熟幼虫在穗上结茧化蛹，蛹期 6~7 天。7 月下旬至 8 月上旬进入第 1 代成虫羽化盛期，第 2 代幼虫为害夏高粱，9 月上旬以老熟幼虫越冬，个别的能化蛹、羽化、产卵。第 3 代幼虫为害播种晚或迟熟的夏高粱。成虫趋光性强，夜晚活动，喜欢把卵产在半抽穗或刚抽穗的嫩穗上，每处 2~3 粒，每雌产卵 200~300 粒，卵期 3~4 天，幼虫共 6 龄，历期 24~28 天。初孵幼虫先在籽粒顶端咬一小孔，钻入粒内为害，2 龄后可转粒，每只幼虫可食害谷粒 30~40 个。该虫发生与气象条件关系密切，凡越冬虫量大，冬季气候温暖，夏季雨水较多的年份第 1 代为害重。8 月上中旬雨水均匀，雨量大于 100 毫米，且暴雨次数不多，第 2 代有可能发生重。

（二）防治方法

（1）在场面晾晒高粱、谷子穗时，四周堆置一些禾草，诱使幼虫爬入，早晨用石碌压死谷草下的幼虫。

（2）防治粟穗螟一定要抓住幼虫低龄期，用高效低毒药剂防治。掌握在卵孵盛期或幼虫 2 龄前喷洒 25% 杀虫双水剂 500 倍液或 50% 杀螟威 2 000 倍液、2.5% 溴氰菊酯乳油 4 000 倍液，对该虫防效明显且对高粱安全。高粱对敌百虫、敌敌畏、杀螟硫磷敏感，用后即产生药害，生产上不要使用。

四、粟缘蝽

粟缘蝽属昆虫纲鳞翅目缘蝽科，在我国，南到云南昆明、北到黑龙江均有分布。寄主有高粱、粟、玉米、水稻、烟草、向日葵、红麻、青麻、大麻等。"张杂谷"等杂交谷子由于谷码疏松，非常适宜粟缘蝽的生长、繁殖，已成为杂交谷子的主要害虫之一。

（一）形态特征

成虫体长 6~7 毫米，体草黄色，有浅色细毛。头略呈三角形，头顶、前胸背板前部横沟及后部两侧、小盾片基部均有黑色斑纹，触角、足有黑色小点。腹部背面黑色，第 5 背板中央生 1 卵形黄斑，两侧各具较小黄斑 1 块，第 6 背板中央具黄色带纹 1 条，后缘两侧黄色。

卵长 0.8 毫米，椭圆形，初产时血红色，近孵化时变为紫黑色，每个卵块有卵 10 多粒。若虫初孵血红色，卵圆形，头部尖细，触角 4 节较长，胸部较小，腹部圆大，至 5~6 龄时腹部肥大，灰绿色，腹部背面后端带紫红色。

华北年发生 2~3 代，以成虫潜伏在杂草丛中、树皮缝、墙缝等处越冬。翌春恢复活动，先为害杂草或蔬菜，7 月间春谷抽穗后转移到谷穗上产卵，每个雌虫产卵 40~60 粒。卵期 3~5 天，若虫期 10~15 天，共 6 龄。2~3 代则产在夏谷和高粱穗上，成虫活动遇惊扰时迅速起飞，无风的天气喜在穗外向阳处活动。特喜食禾本科草本植物，以前推广的谷子绝大多数均为紧穗型品种，不利于成、若虫钻入隐蔽，易于防治和天敌捕食，且不利于成虫产卵，因此，受害较轻。目前推广的杂交谷子绝大多数是谷穗松散型品种，有利于成虫隐蔽产卵和成、若虫逃脱隐蔽。

（二）防治方法

（1）选择谷码较紧的品种，减轻为害。

（2）化学防治。灌浆初期，喷施高效氯氰菊酯、氯虫苯甲酰胺、吡蚜酮等均可有效控制为害。

（3）人工捕杀。盛发期用网捕杀。根据成虫的越冬场所，在翌春恢复活动前，人工捕捉，效果很好。出苗后及时浇水，可消灭大量若虫。

五、斑须蝽

（一）为害症状

成、若虫吸食叶、嫩梢及果实汁液，致刺吸点以上叶脉变黑，叶肉组织颜色变暗枯死，似维管束病害。

成虫体长 15 毫米左右，宽 8 毫米，体扁平茶褐色，前胸背板、小盾片和前翅革质部有黑色刻点，前胸背板前缘横列 4 个黄褐色小点，小盾片基部横列 5 个小黄点，两侧斑点明显。复眼球形黑色，腹部两侧各节间均有 1 个黑斑。

若虫分 5 龄，初孵若虫近圆形，体为白色，后变为黑褐色，腹部淡橙黄色，各腹节两侧节间有一长方形黑斑，共 8 对，老熟若虫与成虫相似，无翅。

卵短圆筒状，直径 0.7 毫米左右，周缘环生短小刺毛，初产时乳白色，近孵化时变黑褐色。

（二）防治方法

（1）利用成虫喜欢在室内、场院、石缝和草堆等处越冬的习性，进行人工捕杀。

（2）在成虫产卵盛期摘除叶上的卵块或若虫团。

（3）在成虫产卵期和若虫期喷洒 2.5% 溴氰菊酯乳油 2 000 倍液。

第三节　草　害

谷田杂草主要有谷莠子、狗尾草、马唐、牛筋草、稗草、马齿苋、苍耳、荠菜、葎草、地锦、刺儿菜、龙葵、酸模叶蓼、苦苣菜、山苦荬、苣荬菜、田旋花、圆叶牵牛、打碗花、猪毛菜、问荆、反枝苋、白苋、铁苋菜、藜、小藜等。杂草争水、争肥、争光，造成谷子减产，形成草荒可导致几乎绝收。同时，杂草还是有些病虫害的寄主和栖息场所，是谷子病虫害的侵染源。

谷子病虫草在谷田形成地下至地上、播种到成熟全生育期的有害生物结构。为确保谷子安全生产（残留量低于国家标准）、大面积（规模化种植）、高效率（机械化作业）、低成本（节水、节工、节约种子化肥），必须在充分掌握有害生物发生为害规律的基础上，制定标准化的综合防治规程。

第九章　高粱病虫草害统防统治

第一节　病　害

一、高粱炭疽病

（一）为害症状

高粱炭疽病从苗期到成株期均可染病。苗期染病为害叶片，导致叶枯，造成高粱死苗。叶片染病，病斑梭形，中间红褐色，边缘紫红色，病斑上出现密集小黑点，即病原菌分生孢子盘。炭疽病多从叶片顶端开始发生，严重的造成叶片局部或大部枯死。叶鞘染病，病斑较大，椭圆形，后期也密生小黑点。高粱抽穗后，病菌还可侵染幼嫩的穗颈，受害处形成较大病斑，其上生小黑点，易造成病穗倒折。此外，还可为害穗轴和枝梗或茎秆，造成腐烂。

病菌随种子或病残体越冬。翌年田间发病后，苗期发病可造成死苗。成株期发病病斑上产生大量分生孢子，借气流传播，进行多次再侵染，不断蔓延扩展或引起流行。高粱品种间发病差异明显。多雨的年份或低洼高湿田块普遍发生，致叶片提早干枯死亡。北方高粱产区在7—8月气温偏低、雨量偏多可流行为害，导致大片高粱早期枯死。

（二）防治方法

种子处理：用种子重量 0.5% 的 50% 福美双粉剂或 50% 拌种双粉剂或 50% 多菌灵可湿性粉剂拌种，可防治苗期种子传染的炭疽病及北方炭疽病。

药剂防治：从孕穗期开始喷洒 40%甲基硫菌灵悬浮剂 600 倍液或 25%咪鲜胺可湿性粉剂 700~800 倍液或 50%多菌灵可湿性粉剂800 倍液或 50%苯菌灵可湿性粉剂 1 500 倍液或 25%炭特灵可湿性粉剂 500 倍液或 80%施普乐（代森锰锌）可湿性粉剂 600 倍液。

二、高粱紫斑病

（一）为害症状

高粱紫斑病主要为害叶片和叶鞘。叶片染病，初生椭圆形至长圆形紫红色病斑，边缘不明显，有时产生淡紫色晕圈。湿度大时病斑背面产生灰色霉层，即病原菌分生孢子梗和分生孢子。叶鞘染病，病斑较大，椭圆形，紫红色，边缘不明显，有的也生淡紫色晕圈，一般不产生霉层。

病菌以菌丝块或分生孢子随病残体越冬，成为翌年初侵染源。苗期即可发病，病斑上产生分生孢子通过气流传播，进行重复侵染，使病菌不断扩散，严重时高粱叶片从下向上提前枯死。

（二）防治方法

种子处理：用种子重量 0.5%的 50%福美双粉剂或 50%拌种双粉剂或 50%多菌灵可湿性粉剂拌种。

从孕穗期开始喷洒 50%多菌灵可湿性粉剂 800 倍液或 50%苯菌灵可湿性粉剂 1 500 倍液或 25%炭特灵可湿性粉剂 500 倍液或80%代森锰锌可湿性粉剂 600 倍液或 70%甲基硫菌灵可湿性粉剂1 000 倍液，每亩用 50~75 千克药液喷雾。

三、高粱散黑穗病

（一）为害症状

高粱散黑穗病主要为害穗部。病株稍有矮化，茎较细，叶片略窄，分蘖稍增加，抽穗较健穗略早。病株花器多被破坏，子房内充满黑粉，即病原菌的冬孢子。病粒破裂以前有一层白色至灰白色薄膜包裹，孢子成熟以后膜破裂，黑粉散出，黑色的中柱露出来，系寄主维管束的残余组织。

该病是芽期侵入系统性侵染的病害。种子和土壤均可传病，以种子传病为主。附着在种子表面的冬孢子在室内条件下能存活3~4年，散落在土壤中的冬孢子也能存活一年。厚垣孢子在12~36℃条件下均能萌发，侵染适温为一般适合高粱种子发芽的条件，也适合该菌侵染。生产上播种过早，土温偏低，高粱从发芽到出苗持续时间长，病菌侵染时间拉长，侵染机会增多，发病重。

（二）防治方法

选用抗病品种，与其他作物实行3年以上轮作，能有效地控制该病发生。秋季深翻灭菌可减少菌源，减轻翌年发病。适时播种，播种不宜过早。提高播种质量，使幼苗尽快出土，减少病菌从幼芽侵入的机会。拔除病穗，要求在出现灰包并尚未破裂之前进行，集中深埋或烧毁。

种子处理：用6%戊唑醇按种子重量的0.5%拌种；或用20%三唑酮乳油100毫升加少量水拌种。多雨的年份或低洼高湿田块普遍发生，致叶片提早干枯死亡。北方高粱产区炭疽病发生早，7—8月气温偏低、雨量偏多可流行为害，导致大片高粱早期枯死。

从孕穗期开始喷洒33.5%必绿二号悬浮剂1 500~2 000倍液或40%甲基硫菌灵悬浮剂600倍液或50%多菌灵可湿性粉剂800倍液或50%苯菌灵可湿性粉剂1 500倍液或25%炭特灵可湿性粉剂500倍液或80%代森锰锌可湿性粉剂600倍液。

四、高粱立枯病

（一）为害症状

高粱立枯病主要为害幼苗。多发生在2~3叶期，病苗根部红褐色，生长缓慢。病情严重时，幼苗枯萎死亡，引致缺苗。7—8

月生育中后期个别地块也有发生，为害根部，引致高粱烂根。

病菌在土壤中存活，以菌丝体或菌核在土壤中越冬，由土壤传播病害。除为害高粱外，还可为害玉米、大豆、甜菜、陆稻等多种作物的幼苗或成株，引起立枯病或根腐病。5—6月多雨的地区或年份易发病，低洼和排水不良的田块发病重。

（二）防治方法

发病初期喷洒或浇灌70%甲基硫菌灵可湿性粉剂600～800倍液或50%多菌灵可湿性粉剂500倍液，或配成药土撒在茎基部；也可用12%噁霉灵3 000倍液喷雾。

五、高粱锈病

（一）为害症状

高粱锈病在高粱抽穗前后开始发病。初在叶片上形成红色或紫色至浅褐色小斑点，后随病原菌的扩展，斑点扩大且在叶片表面形成椭圆形隆起的夏孢子堆，破裂后露出褐色粉末，即夏孢子。后期在原处形成冬孢子堆，冬孢子堆较黑，外形较夏孢子堆大些。

病菌以冬孢子在病残体上、土壤中或其他寄主上越冬。翌年条件适宜时，冬孢子萌发产生担孢子侵入幼叶，形成性子器，后在病斑背面产生锈子器。器内锈孢子飞散传播后在叶片上有水珠时萌发，也从叶片侵入，形成夏孢子堆和夏孢子，夏孢子借气流传播，进行多次再侵染。高粱接近收获时，在产生夏孢子堆的地方，形成冬孢子堆，又以冬孢子越冬。7—8月雨季易发病。

（二）防治方法

在发病初期开始喷洒25%粉锈通（三唑酮）可湿性粉剂1 500～2 000倍液或40%多菌灵悬浮剂600倍液或80%施普乐（代森锌）可湿性粉剂600～800倍液或25%丙环唑乳油3 000倍液或12.5%速保利可湿性粉剂4 000～5 000倍液，隔10天左右喷1次，连续防治2～3次。

第二节　虫　害

一、高粱蚜

（一）为害症状

高粱蚜属同翅目蚜科。高粱蚜多以成、若蚜聚集在高粱叶背刺吸汁液，并排出大量蜜露，滴落在茎叶上，油亮发光，致寄主养分大量消耗，影响光合作用和产品质量。为害轻的叶片变红，重的叶枯，穗粒不实或不能抽穗，造成严重减产或绝收。

分为两性世代和孤雌胎生世代。前者雌蚜无翅，较小，与雄蚜交尾后产卵，又称无翅产卵雌蚜。雄蚜有翅，较小，触角上感觉孔较多。卵为长卵圆形，初黄色，后变绿至黑色，有光泽。孤雌胎生世代，无翅孤雌胎生母蚜长卵形，米黄色至浅赤色，触角细长 6 节，等于或略长于体长 1/2，复眼大，棕红色；腹背中央 3~6 节间具长方形大斑，腹管褐色，圆筒形；尾片圆锥形，钝，中部稍粗；口器黑色 4 节，末节最长。有翅孤雌胎生母蚜，体长卵形，米黄色，具暗灰紫色骨化斑。

一年发生 16~20 代。以卵在杂草的叶鞘或叶背上越冬。翌年 4 月中下旬，地表气温高于 10℃ 以上时，越冬卵陆续孵化为干母，为害杂草嫩芽。5 月下旬至 6 月上旬高粱出苗后，产生有翅胎生雌蚜，迁飞到高粱上为害，逐渐蔓延至全田。7 月中下旬为害严重。进入 9 月上旬后，随气温下降和寄主衰老，有翅蚜迁回到杂草上，产生无翅产卵雌蚜，与此同时在夏寄主上产生有翅雄蚜，飞到杂草上与无翅产卵雌蚜交配后产卵越冬。6—8 月天气干旱，气温 24~28℃，旬均相对湿度 60%~70%，旬降水量低于 20 毫米，高粱蚜易大发生。

（二）防治方法

冬麦区可在冬小麦中套种高粱，利用麦田蚜虫天敌，控制高粱蚜效果显著。

高粱蚜点片发生阶段，及时用 40%氧化乐果乳油涂高粱茎秆。当田间蚜虫株率为 30%~40%时，用 40%乐果乳油 50 毫升/亩，兑适量水稀释，喷拌细干土 10 千克，撒施在植株叶片上；也可用 50%异丙磷乳油 50 毫升/亩拌潮湿细土 10 千克，隔 5~6 垄撒施 1 垄，效果显著。

必要时喷洒 70%必喜三号（吡虫啉）水分散粒剂 10 000~15 000 倍液或 40%毒丝本乳油 1 000~1 500 倍液或 2.5%溴氰菊酯乳油 3 000 倍液或 20%氰戊菊酯乳油 3 000 倍液或 50%抗蚜威可湿性粉剂 3 000 倍液。

二、条螟

（一）为害症状

条螟属鳞翅目螟蛾科。主要为害高粱、玉米。

条螟以幼虫蛀害高粱茎秆，初孵幼虫活泼灵敏，爬行快，喜群集于心叶内啃食叶肉，留下表皮，待心叶伸出时可见网状小斑或很多不规则小孔，但不是排孔。幼虫在心叶内发育至 3 龄，不等寄主抽雄或抽穗，便从节的中间叶鞘蛀入茎秆，遇风时受害处呈刀割般折断。

成虫体长 10~14 毫米。雄蛾浅灰黄色，头、胸背面浅黄色，下唇须向前方突出；复眼暗黑色；前翅灰黄色，中央具一小黑点，外缘略呈一直线，内具 7 个小黑点；后翅色浅。雌蛾近白色；腹部、足黄白色，卵扁平椭圆形，表面具龟甲状纹，常排列成"人"字形双行重叠状卵块，初为乳白色，后变深黄色。末龄幼虫体初为乳白色，上生淡红褐色斑连成条纹，后变为淡黄色。该虫分夏型和冬型。夏型腹部各节背面具 4 个黑褐色斑点，上具刚毛，排列成正方形。冬型幼虫越冬前蜕皮 1 次，蜕皮后其黑褐斑点消失，体背出现紫褐色纵线 4 条，腹面纯白色。蛹红褐色至黑褐色。

（二）防治方法

产卵盛期用 0.1%辛硫磷颗粒剂 7.5 千克撒入喇叭口；或 50%辛硫磷乳油 50 毫升，加水 20~50 千克，每株 10 毫升灌心；或 1%甲萘威颗粒剂 7.5 千克/亩，撒入喇叭口；或 50%杀螟硫磷乳油 1 000 倍液喷施于穗部，每亩喷药液 50~70 千克。

第三节　草　害

杂草是高粱生产的一大害，它与高粱争水、争肥、争光、争地，造成高粱的产量和品质下降。低洼地、盐碱地的草害尤为严重，并且是周年性的，即任何时期都会有杂草的为害。杂草对高粱的为害主要在苗期，此期发生草害对培育壮苗极为不利，一些地块往往因草害而毁苗重播或造成减产。

为害高粱的杂草有数百种，它们在外形、生态、繁殖习性、为害特点以及对除草剂的敏感性都不相同。因此，草害的防除要根据杂草的种类以及当地栽培习惯灵活掌握。主要防除方法如下。

一、深耕

深耕是防除杂草的有效方法之一。大部分杂草的种子在土壤表层 1 厘米内发芽良好，耕翻越深对杂草种子发芽越不利。如看麦娘草在 1~3 厘米内发芽良好，而 5 厘米以下则不能发芽。杂草繁殖系数相当大，1 株播娘蒿能产生 50 万粒种子，马齿苋可产生 20 万粒种子。深耕后可将大量种子翻入深土中，使其不能发芽，可减少杂草的为害。

二、旋耕

播前旋耕可有效地消灭一大批土壤表层萌发的杂草，从而压低田间杂草发生的基数。旋耕同时可以消灭多年生宿根性杂草，如狗牙根等，对较深层的宿根杂草在旋耕层内萌动的顶端优势，可进行破坏，推迟杂草为害高粱的时间，对培育壮苗有利。

三、中耕

中耕可以直接消灭杂草，在草害较轻的田块，中耕是消灭杂草行之有效的措施。但在手工和半机械化操作时，中耕除草用工往往占整个田间管理用工的一半以上，并且效率低，劳动强度大，十分辛苦。在草害较重和人力紧张的地方，往往容易因劳力缺乏造成草荒。

四、化学除草

化学除草是人们在与草害做斗争的实践中摸索出的一条经济、有效、安全、低成本的好方法。生产实践证明，使用化学除草具有除草及时、效果好、劳动强度轻、工效高、成本低等优点。应用化学除草，可以取得较高的经济效益和社会效益。随着我国农业现代化的发展，化学除草技术将越来越为我国广大农民所接受，化学除草方法将会越来越迅速地发展应用，从而改变几千年来田间管理的落后技术，为农民和社会带来更大的效益。

化学除草主要在播后至出苗前和出苗期两个时期进行，具体使用方法和药剂分述如下。

1. 播后至出苗前

播后至出苗的化学除草是利用时差选择法除草的方法，它是在高粱种子播种后，幼苗未出土前，喷洒除草剂，而杂草萌发早的，遇药后会迅速死亡。即利用种子和杂草萌发的时间上的差异，来进行化学除草。高粱对化学药剂很敏感，使用时一定要严格掌握用药品种、时间、浓度和方法，否则，容易造成药害。高粱田常用的播后苗前化学除草方法如下。

第一，每亩用25%绿麦隆可湿性粉剂200～300克，兑水50升，均匀喷于土壤表层。

第二，每亩用25%绿麦隆可湿性粉剂150克，加50%杀草丹

（禾草丹、灭草丹、稻草完）乳油 150 毫升，或者加 60% 丁草胺
（灭草特、灭草胺、去草胺）乳油 50 毫升，兑水 45～50 升，喷洒
土壤表层。

第三，每亩用 80% 治草醚可湿性粉剂 75～120 克，兑水 35～40
升，喷洒土壤表层。如遇干旱可浅耙 2～3 厘米，使药液与土混合，
增加同杂草、幼草接触机会。

第四，每亩用 72% 都尔（异丙甲草胺）乳油 100～150 毫升，
兑水 35 升左右，喷洒土壤表层；或用 75 毫升都尔，加 40% 阿特拉
津（莠去津）胶悬剂 100 毫升，兑水 35 升喷洒土壤表层。

第五，每亩用 50% 利谷隆可湿性粉剂 150～200 克，兑水 40
升，均匀喷雾土壤表层。

第六，每亩用 50% 扑灭津可湿性粉剂 200～300 克，兑水 40
升，均匀喷雾土壤表层。

第七，每亩用 48% 百草敌（麦草畏）水剂 25～40 毫升，兑水
35 升；或百草敌 20～30 毫升加 40% 阿特拉津胶悬剂 150～200 毫
升，或加 48% 甲草胺（拉索、草不绿）乳油 200～300 毫升，兑水
35 升，喷洒土壤表层。

第八，每亩用 40% 西马津胶悬剂 200～300 毫升，兑水 40 升，
均匀喷洒土壤表层。注意此药残效期长，后茬作物不宜安排小麦、
油菜、大豆等作物，后茬安排玉米、甘蔗时，可加大用药量至 500
毫升。

2. 苗期

苗期化学除草是利用除草剂在作物和杂草体内代谢作用的不
同生物化学过程来达到灭草保苗的目的。高粱出苗后 5～8 叶期，
抗药力较强，使用除草剂较为安全，而 5 叶前、8 叶后对除草剂很
敏感，故苗期化学除草一般在 5～8 叶期进行，否则，容易产生药
害。高粱化学除草多在出苗前进行，一般不宜苗期喷除草剂。如
苗期确因草害严重，应严格掌握喷药时间、浓度和品种。常用的
苗期化学除草方法有以下几种。

第一，高粱出苗后 4~6 叶期，每亩用 50% 二氯喹啉酸 WP66.67~80 克、90% 莠去津 WPG50~60 克或 30% 二氯·莠去津可分散油悬剂 200 毫升，兑水 35 升左右，均匀喷雾杂草茎叶，主要防除阔叶杂草，对禾本科杂草无效。

第二，高粱出苗后 4~5 叶期，每亩用 40% 阿特拉津胶悬液 200~250 毫升，兑水 35 升，均匀喷雾杂草茎叶。可防除单、双子叶杂草以及深根性的杂草。

第三，高粱出苗后 4~5 叶期，每亩用 20%2 甲 4 氯水剂 100 毫升和 48% 百草敌水剂 12.5 毫升混合，兑水 35 升，均匀喷雾杂草茎叶。上述两种除草剂也可单独使用，用药浓度应加倍。

第十章 甘薯病虫草害统防统治

第一节 病 害

甘薯是我国重要的薯类作物，已发现甘薯病虫害50多种，其中发生普遍并为害较重的有地下害虫、黑癌病、根腐病、软腐病、茎线虫病等。甘薯常见杂草有马唐、狗尾草、牛筋草、旱稗、鳢肠、苘麻、苍耳、藜、青葙、皱果苋、红蓼、田旋花、马齿苋等，杂草严重时，甘薯地上部分生长缓慢，地下的薯块小而少。

一、甘薯黑疤病

（一）为害症状

甘薯黑疤病是在甘薯上发生的一种严重病害。估计每年因病害损失10%以上。

生育期或贮藏期均可发病，主要侵害薯苗、薯块，不为害绿色部位。薯苗染病茎基部位产生黑色近圆形稍凹陷斑，严重时病斑包围苗基部形成黑根，后茎腐烂，植株枯死，病部产生灰色霉层。薯块染病初呈黑色小圆斑，扩大后呈不规则形轮廓明显略凹陷的黑绿色病疤，病部组织坚硬，病薯黑绿色，具苦味。

以厚垣孢子或子囊孢子在贮藏窖或苗床及大田的土壤中越冬，也有的以菌丝体附着种薯上或以菌丝体潜伏在薯块中越冬，成为翌年的初侵染源。病菌能直接侵入幼苗根和茎基，也可从薯块上伤口、皮孔、根眼侵入，发病后再频繁侵染。地势低洼、土壤黏重的重茬地或多雨年份易发病；窖温高、湿度大、通风不好时，发病重。

（二）防治方法

温汤浸种，将精选的种薯在 58~60℃ 的水温时下薯。种薯用 50% 多菌灵可湿性粉剂 1 000 倍液浸泡 5 分钟或 80% 乙蒜素乳油 1 500 倍液浸种 10 分钟或 50% 多菌灵可湿性粉剂 800~1 000 倍液浸种 5 分钟或 70% 硫菌灵可湿性粉剂 700 倍液浸种 5 分钟。

进行苗床管理，在播后前 3 天将床温提高到 35~38℃，以后床温不低于 28~30℃，以促进伤口愈合，提高抗病能力，抑制病菌繁殖。剪除黑根，离炕面 3 厘米左右剪苗，可除去容易感病的地下白色部分。薯苗实行高剪后，用 50% 甲基硫菌灵可湿性粉剂 1 500 倍液浸苗 10 分钟，要求药液浸至种藤 1/3~1/2 处。

二、甘薯软腐病

（一）为害症状

甘薯软腐病多发生在甘薯贮藏期，主要为害薯块。薯块染病，病部变为淡褐色水浸状，病组织软腐，破皮后流出黄褐色汁液，后在病部表面长出大量灰白色霉层，上生黑色小粒点。若表皮未破，水分蒸发，薯块干缩并僵化。

该菌存在于空气中或附着在被害薯块上或在贮藏窖越冬，由伤口侵入。病部产生孢子囊和孢囊孢子，借气流传播进行再侵染，薯块有伤口或受冻易发病。

（二）防治方法

入窖前精选健薯，必要时用硫黄熏蒸，用硫黄 15 克/立方米。食用薯块收获后要晾晒 2~3 天，使薯块失去一部分水分，使薯面和伤口干燥，并可抑制薯块面一部分病菌，有利于贮藏。入窖前选用 70% 甲基硫菌灵可湿性粉剂 500~700 倍液，或用 50% 多菌灵可湿性粉剂 500 倍液浸蘸薯块。

三、甘薯茎线虫病

（一）为害症状

甘薯茎线虫病是一种毁灭性病害。

甘薯茎线虫病主要为害薯块和茎蔓。苗期染病出苗率低、矮小、发黄，纵剖茎基部，内见褐色空隙，剪断后不流白浆或很少。后期染病表皮破裂成小口，髓部呈褐色干腐状，剪开无白浆。线虫侵害近地面的茎蔓，呈现淡褐色干腐状病斑，严重受害时，植株叶片发黄、株型矮小，结薯少，生长不良。

以卵、幼虫和成虫在土壤和粪肥中越冬，也可随收获的病薯块在窖内越冬，成为翌年的初侵染源。甘薯在生长期和贮藏期都能发病。用病薯育苗，线虫从薯苗茎部附着点侵入。结薯期，线虫由蔓进入新薯块顶部。病土和肥料中的病原线虫从秧苗根部的伤口侵入或从薯表面直接侵入。

（二）防治方法

收获后及时清除病残体，以减少菌源。种薯上床前进行精选，用 51~54℃温水浸种 10 分钟，剔除变色薯块。栽插时薯苗消毒处理或拌施药土，严格挑选，去除病苗、弱苗，然后用 50%辛硫磷乳油 200 倍液浸泡秧苗下中部 10 分钟，在栽秧前拌土条施或普施，以防线虫侵染；栽插时，先浇水插秧，后施药土再覆土。

四、甘薯根腐病

（一）为害症状

甘薯根腐病是近年发生较重的一种病害。

苗床、大田均可发病。苗期染病病薯出苗率低、出苗晚，病苗叶色淡黄，生长迟缓，须根上产生黑褐色病斑，严重的不断腐烂。大田期染病受害根根尖变黑，后蔓延到根颈，形成黑褐色病斑，病部表皮纵裂，皮下组织变黑，发病轻的地下茎近地处能发出新根，虽能结薯，但薯块小；发病重的地下根颈大部分变黑腐烂。薯块受害，产生黑色的凹陷病斑，表皮开裂。病株地上部节间缩短，矮小，分枝少，叶片变黄、增厚、反卷，干枯脱落。

甘薯根腐病系典型土传病害，带菌土壤和土壤中的病残体是翌年主要初侵染源，带菌种苗是远距离传播的重要途径。病菌自甘薯根尖侵入，田间扩展靠流水和耕作活动。一般沙土地比黏土地发病重，连作地比轮作地发病重。

（二）防治方法

种植抗病品种。重病田实行 3 年以上轮作，可与花生、芝麻、棉花、玉米、粟等作物轮作。加强栽培管理，春薯适当早栽，有灌溉条件的地方应在栽植返苗后普浇 1 次水，以提高抗病力。夏薯在麦收后力争早栽，并及时浇水。深耕翻土，增施有机肥，不施带菌肥。发病初期，用 70%甲基硫菌灵可湿性粉剂 800～1 000 倍液，或用 50%多菌灵可湿性粉剂 500 倍液喷雾，或用 33.5%必绿二号悬浮剂 1 500～2 000 倍液喷雾。

五、甘薯病毒病

（一）为害症状

病毒病症状根据毒原种类、甘薯品种、生育阶段及环境条件不同，可分为 6 种表现类型。

（1）叶片褪绿斑点型。发病初期叶片产生明脉或轻微褪绿半透明斑；后期，斑点四周变为紫褐色或形成紫环斑，多数品种沿脉形成紫色羽状纹。

（2）花叶型。苗期染病初期叶脉呈网状透明，后沿叶脉形成黄绿相间不规则花叶斑纹。

（3）卷叶型。叶片边缘上卷，严重时卷成杯状。

（4）叶片皱缩型。病苗叶片少，叶缘不整齐或扭曲，有与中脉平行的褪绿半透明斑。

（5）叶片黄化型。成叶片黄色及网状黄脉。

（6）薯块龟裂型。薯块上产生黑褐色或黄褐色龟裂纹，排列成横带状或贮藏后内部薯肉木栓化，剖开病薯可见肉质部具黄褐色斑块。

薯苗、薯块均可带毒，可经机械或蚜虫、烟粉虱等途径传播。其发生和流行程度取决于种薯、种苗带毒率和各种传毒介体种群数量、活力、传毒效能及甘薯品种的抗性。此外，还与土壤、耕作制度、栽植期有关。

（二）防治方法

选用抗病毒病品种，用组织培养法进行茎尖脱毒，培养无病种薯、种苗。大田发现病株及时拔除后补栽健苗。加强薯田管理，提高抗病力。发病初期开始喷洒20%毒灭星可湿性粉剂600倍液或5%菌毒清可湿性粉剂500倍液或20%小叶敌灵水剂600~800倍液或20%病毒宁水溶性粉剂500倍液或15%病毒必克可湿性粉剂500~700倍液，每7~10天喷1次，连用3次。

六、甘薯枯萎病

（一）为害症状

甘薯枯萎病主要为害茎蔓和薯块。苗期染病主茎基部叶片先变黄，茎基部膨大纵向开裂，露出髓部，横剖可见维管束变为黑褐色，裂开处呈纤维状。薯块染病薯蒂部呈腐烂状，横切病薯上部，维管束呈褐色斑点，病株叶片从下向上逐渐变黄后脱落，最后全蔓干枯而死。临近收获期，病薯表面产生圆形或近圆形稍凹陷浅褐色斑，比黑疤病更浅，贮藏期病部四周水分丧失，呈干瘪状。

病菌以菌丝和厚垣孢子在病薯内或附着在土中病残体上越冬，成为翌年初侵染源。该菌在土中可存活3年，多从伤口侵入，沿导管蔓延。病薯、病苗能进行远距离传播，近距离传播主要靠流水和农具。雨水多，利于该病流行。连作地、沙地或沙壤土发病重。

（二）防治方法

选用抗病品种，严禁从病区调运种子、种苗。结合防治黑疤病进行温汤浸种，培养无病苗，也可用 70% 甲基硫菌灵可湿性粉剂 700 倍液浸种。必要时喷洒 70% 甲基硫菌灵可湿性粉剂 800 倍液或 50% 苯菌灵可湿性粉剂 1 500 倍液。

第二节　虫　害

一、甘薯天蛾

（一）为害症状

甘薯天蛾属鳞翅目天蛾科。

以幼虫咬食叶片，能将叶片吃光，只剩下薯蔓，还可为害嫩茎。

成虫体翅暗灰色；肩板有黑色纵线；腹部背面灰色，顶角有黑色斜纹；前翅灰褐色，内、中、外各横线为锯齿状的黑色细线；后翅淡灰色，有 4 条暗褐色横带。卵球形，淡黄绿色。老熟幼虫体体色有两种：一种体背土黄色，侧面黄绿色，杂有粗大黑斑，体侧有灰白色斜纹，气孔红色，外有黑轮；另一种体背绿色，头淡黄色，斜纹白色，尾角杏黄色。蛹朱红色至暗红色。

（二）防治方法

冬、春季多耕耙甘薯田，破坏其越冬环境；早期结合田间管理，捕杀幼虫。用 2.5% 敌百虫粉或 1.5% 辛硫磷粉剂 1.5~2 千克/亩喷粉；或用 90% 晶体敌百虫 800~1 000 倍液或 80% 敌敌畏乳油 2 000 倍液或 20%Bt 乳剂 500 倍液或 50% 辛硫磷乳油 1 000 倍液或 2.5% 溴氰菊酯乳油 2 000 倍液喷雾。

二、甘薯麦蛾

（一）为害症状

甘薯麦蛾属鳞翅目麦蛾科。近年来在我国有为害加重的趋势。

幼虫吐丝啃食新叶、幼芽成网状，钻入芽中，虫体长大后啃食叶肉，仅剩下表皮，致被害部变白，后变褐枯萎，发生严重时仅残留叶脉。

成虫为黑褐色的小蛾子，头顶与颜面紧贴深褐色鳞片；前翅狭长，具暗褐色混有灰黄色的鳞粉，翅和翅脉绿色，近中央有白色条纹；后翅菜刀状，暗灰白色。卵椭圆形，初产乳白色，后变淡褐色，表面有细网纹。幼虫纺锤形，头部浅黄色，躯体淡黄绿色。蛹纺锤形，黄褐色。

（二）防治方法

秋后要及时清洁田园，处理残株落叶，清除杂草。田园内初见幼虫卷叶为害时，要及时捏杀新卷叶中的幼虫或摘除新卷叶。应掌握在幼虫发生初期施药，喷药时间以 16—17 时为宜，此时防治效果较好。首选药剂以 40%毒丝本乳油 1 000~1 500 倍液或 90%晶体敌百虫 800~1 000 倍液或 50%亚胺硫磷 500~800 倍液或 50%倍硫磷乳油 1 000 倍液，每亩喷兑好的药液 75 千克。

三、甘薯茎螟

（一）为害症状

甘薯茎螟属鳞翅目螟蛾科。

幼虫在薯茎内部钻蛀为害，被害薯茎因连续受到刺激，逐渐膨大，形成木质化中空、纵向隆起的虫瘿，虫瘿上部容易折断，造成缺株。部分幼虫也会从外露的薯块或薯蒂处侵入薯块，蛀食成隧道，影响薯块生长。

成虫头、胸、腹部灰白色，下唇须伸向头部前方，复眼大且黑；前翅浅黄色，翅基褐色，中央具网状斑纹，多不规则，近外缘处生有波状横纹两条；雄虫体色常较雌虫深。卵扁椭圆形，浅绿色，后变为黄褐色，表生小红点。初孵幼虫头部黑色，2 龄后变为黄褐色，老熟时呈红褐色。蛹浅黄色至棕红色，头部突出。

一年发生 4~5 代。以老熟幼虫在冬薯茎内或残留在田间的薯块、薯藤内越冬。翌春 3 月上旬化蛹，3 月下旬出现成虫。4 月上旬至 5 月中旬出现第 1 代幼虫，5 月下旬至 7 月上旬出现第 2 代幼虫，7 月中旬至 8 月中旬出现第 3 代幼虫，9 月中旬至 10 月下旬出现第 4 代幼虫，11 月上旬出现第 5 代幼虫，老熟后越冬。

（二）防治方法

甘薯茎螟食性较专一，大面积轮作，对该虫有重要的抑制作用。收薯后，及时彻底地把薯田及其周围的薯藤、坏薯集中烧毁，可减少虫源。

薯苗药剂处理，剪苗栽插前 1~2 天，用 40%毒丝本乳油 1 000 倍液或 90%晶体敌百虫或 80%敌敌畏乳油 800~900 倍液进行苗床喷雾。成虫防治，在成虫羽化高峰后 5~7 天，用 40%毒丝本乳油 1 000 倍液或 90%晶体敌百虫或 80%敌敌畏乳油 800~900 倍液喷雾。

第三节　草　害

甘薯田的杂草种类较多，常见杂草有马唐、狗尾草、牛筋草、旱稗、鳢肠、苘麻、苍耳、藜、青葙、皱果苋、红蓼、田旋花、马齿苋等。

甘薯采用块茎温床育苗，薯秧育成后栽插于大田。栽插初期受杂草为害最重。草害严重时，甘薯地上部分生长缓慢，地下的薯块小而少。

甘薯生产中基本上都是育苗移栽，可于移栽前 2~3 天喷施土壤封闭性除草剂，一次施药保持整个生长季节没有杂草为害。常用的除草剂品种和施药方法：50%乙草胺乳油 150~200 毫升/亩或 72%异丙甲草胺乳油 175~250 毫升/亩或 72%异丙草胺乳油 175~250 毫升/亩或 33%二甲戊灵乳油 150~200 毫升/亩，兑水 40 千克均匀喷施。对于墒情较差或沙土地，可以用 48%氟乐灵乳油 150~200 毫升/亩或 48%地乐胺乳油 150~200 毫升/亩喷施地表，施药后及时混土 2~3 厘米，该药易挥发，混土不及时会降低药效。对于一些长期施用除草剂的田块，铁苋、马齿苋等阔叶杂草较多，用 33%二甲戊灵乳油 100~150 毫升/亩或 50%乙草胺乳油 150 毫升/亩或 72%异丙甲草胺乳油 150~200 毫升/亩或 72%异丙草胺乳油 150~200 毫升/亩，加上 25%噁草酮乳油 100~150 毫升/亩或 24%乙氧氟草醚乳油 20~30 毫升/亩，兑水 40 千克匀喷施，可以有效防治多种一年生禾本科杂草和阔叶杂草。生产中应均匀施药，不宜随便改动配比，否则易发生药害。

对于前期未能采取化学除草或化学除草失败的田块，应在田间杂草基本出苗，且杂草处于幼苗期时及时施药防治。甘薯田防治一年生禾本科杂草，如稗草、狗尾草、野燕麦、马唐、虎尾草、看麦娘、牛筋草等，在禾本科杂草 3~5 叶期，可以用 17.5%驳草（精喹禾灵）乳油 30~50 毫升/亩或 10.8%高效氟吡甲禾灵乳油 40 毫升/亩或 35%吡氟禾草灵乳油或 15%精吡氟禾草灵乳油 50~75 毫升/亩或 12.5%稀禾定机油乳剂 50~75 毫升/亩，兑水 25~30 千克配成药液喷于茎叶。在气温较高、雨量较多地区，杂草生长幼嫩，可适当减少用药量；相反，在气候干旱、土壤较干地区，杂草幼苗老化耐药，要适当增加用药量。防治一年生禾本科杂草时，用药量可稍减低；而防治多年生禾本科杂草时，用药量应适当增加。但由于对阔叶杂草无效，故在禾本科杂草被杀死后，阔叶杂草生长更加茂盛，应注意及时人工拔除。

主要参考文献

谢红战，王海峰，宋远平，2016. 农作物病虫害防治员 ［M］.
　北京：中国农业科学技术出版社.
游彩霞，高丁石，等，2020. 农作物病虫害绿色防治技术
　［M］. 北京：中国农业出版社.